半導体材料・デバイス工学

松尾　直人 著

内田老鶴圃

まえがき

　筆者は 20 年前にコロナ社から「半導体デバイス-動作原理に基づいて-」を出版した．当時はシリコンが主たる半導体材料であり内容もシリコンデバイスが中心であった．それ以降，様々な無機・有機材料が出現し，研究開発がなされてきた．本書はそれらの材料が如何に半導体デバイスに応用されたかを学術的，かつ，平易に説明することが目的である．さて，半導体デバイスの研究・開発を行う場合，その材料的研究も重要になる．材料とデバイスは車の両輪であり，デバイス動作と材料をつなぐものが物性である．半導体デバイスを学ぶ場合にも同じことであり，その意味から，本書のタイトルは「半導体材料」を入れ，「半導体材料・デバイス工学」とした．また，デバイスも電界効果型トランジスタ，メモリに設定した．これらデバイス動作を理解する場合，固体物理，量子力学，電磁気学の知識が必要であり，特にデバイス動作を理解する上で重要と思われるいくつかの事象を第 1 編に記述した．前著には含まなかった結晶構造，逆格子を第 1 編に入れた．これらは半導体を理解する上で必須と考えられ，また筆者の教育経験から学生は理解に戸惑っている印象があったので詳細に説明した．第 1 編と，第 2 編の元素半導体の項で，半導体工学の内容は記載した．他の半導体材料としては，化合物半導体，炭素系薄膜材料，有機薄膜材料を取り上げた．化合物半導体は，特に近年進捗が著しいパワートランジスタとその薄膜材料，炭素系材料は，カーボンナノチューブと相対論的挙動で注目を浴びるグラフェンとそれらを応用したトランジスタ，および有機材料はペンタセン薄膜と DNA 薄膜，およびそれらの応用であるトランジスタを取り上げた．また，磁性材料に関しては本書のテーマから乖離するように思われるかもしれないが，近年，巨大磁気抵抗効果，トンネル磁気抵抗効果という興味深い現象が発見されており，それを応用した MRAM，さらには，スピン流を応用したトランジスタは今後の半導体デバイスにも大いに影響があるものと考え取り上げた．また，本書のストーリーの流れから若干ずれる内容であるが，

重要と思われるものは，one point として説明した．なお，図面は著者が原図を基に作製したものがほとんどであるが，その出展は明示したので，より正確なデータを知りたい場合はそれらの論文を参考にして頂きたい．

　本書の対象は大学，高専の専門科目を勉強し始めた学生，大学院で半導体を研究し始めた学生，さらには，企業の技術者・研究者にも読んで頂けるよう，配慮した．

　本書の内容は，著者自身が浅学非才のためまだまだ不十分の箇所が多々あると思うが，今後読者からのご批判・ご叱責を賜りたい次第である．本書を執筆するにあたり，第1編，第2編に集録した引用文献に負うところが多く，これらの著者に深く感謝する．本学院生の吉田一輝君にはDNAの一部図面を作製頂き感謝する．また，本書執筆期間，日常生活をサポートしてくれた妻きよみに感謝する．最後に，本書を執筆する機会を与えて頂いた，株式会社内田老鶴圃代表取締役社長の内田学氏には紙面を借りて厚く御礼申し上げる次第である．

　　令和元年 12 月

　　　　　　　　　　　　　　　　　　　　　　　松 尾 直 人

目　　次

iii

1 半導体デバイス動作理解のための物理的基礎

　第1編は，デバイス動作を理解する上で必要と思われる，量子論，固体物理学に関係する物理的事象をまとめる．初学者には逆格子の概念は馴染みにくいかもしれないが，エネルギー分散関係を理解するためには必要であることから，実空間の結晶構造と対比させて説明する．自由電子フェルミ気体とはパウリの排他律に従い，1個のエネルギー軌道に1個の電子が存在する．自由電子フェルミ気体の特性について説明する．正孔については，本来，半導体に含まれるものであるが，半導体物理の1つの大きな特徴でもあり，半導体とは別項目を設けて説明する．pn接合は半導体デバイスの基本構造であり，十分に理解を深める必要があることから，本編で説明する．エネルギーの散逸を伴う電気伝導は衝突散乱を扱う必要があり，ボルツマン方程式を入れて説明する．量子現象として現れるトンネル効果に関しては，近年，この効果を応用したトランジスタも研究されており，1-8章ではトンネル電流を半古典的な方法で説明する．

1-1 結晶構造と結合-共有結合，水素結合を中心として-

結晶構造の論理的関係は式(1.1)で表される．

$$空間格子 + 単位構造 = 結晶構造 \tag{1.1}$$

空間格子とは空間における規則的な点の配列であり，基本並進ベクトルにより式(1.2)で表される．

$$\boldsymbol{R} = u_1\boldsymbol{a}_1 + u_2\boldsymbol{a}_2 + u_3\boldsymbol{a}_3 \tag{1.2}$$

ここで，$\boldsymbol{R}$ は原点から任意格子点へのベクトル，$\boldsymbol{a}_1$，$\boldsymbol{a}_2$，$\boldsymbol{a}_3$ は基本並進ベクトル，u_1，u_2，u_3 は任意の整数である．3次元空間格子の型としては7種の結晶系と**表1.1**に示す**ブラベー格子**(Bravais lattice)と呼ばれる14種の格子型がある．7種の結晶系は基本並進ベクトルの大きさと基本並進ベクトルが互いになす角度が，不規則的関係から規則的関係に移行するに従い，三斜晶系，単斜晶系，斜方晶系，正方晶系，菱面体晶系，六方晶系，立方晶系となる．単斜晶系，斜方晶系，正方晶系，立方晶系には底心，面心，体心に原子をもつ場合

表1.1 3次元結晶のブラベー格子．

結晶系	単位格子
三斜晶系	$a \neq b \neq c,\ \alpha \neq \beta \neq \gamma \neq 90°$
単斜晶系（単純格子，底心格子）	$a \neq b \neq c,\ \alpha = \beta = 90°,\ \gamma \neq 90°$
斜方晶系（単純格子，底心格子，面心格子，体心格子）	$a \neq b \neq c,\ \alpha = \beta = \gamma = 90°$
正方晶系（単純格子，体心格子）	$a = b \neq c,\ \alpha = \beta = \gamma = 90°$
立方晶系（単純格子，面心格子，体心格子）	$a = b = c,\ \alpha = \beta = \gamma = 90°$
菱面体晶系	$a = b = c,\ \alpha = \beta = \gamma < 120°, \neq 90°$
六方晶系	$a = b \neq c,\ \alpha = \beta = 90°,\ \gamma = 120°$

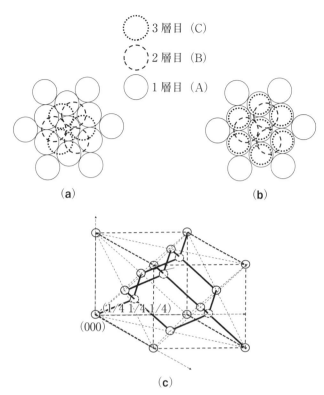

図1.1　積層構造．（a）面心立方格子最密面，（b）稠密六方格子最密面，（c）ダイアモンド構造．

がある．菱面体晶系は面心立方格子の**基本格子**（その中に１個の原子を含む）でもある．単位構造とは空間格子の任意格子点に所属する原子団を指す．**図1.1**（a）～（c）は，各々，Cu，Al，Fe 等がもつ面心立方格子の最密面である（111）面の積層，ZnO，α-ZnS 等がもつ稠密六方格子の（0001）面の積層，Si，Ge 等がもつダイアモンド構造，または GaAs，β-ZnS 等がもつせん亜鉛構造を示す．面心立方格子では最密面が…ABCABCABC…の積層，稠密六方格子では最密面が…ABABAB…の積層となる．なお，図1.1（b）ではわかりやすくするために稠密六方格子の３層目の原子が点線で小さく書かれているが，実際には１層目と同じ大きさである．ダイアモンド構造，せん亜鉛構造，共に空間

格子は面心立方格子であり，各格子点の単位構造は Si の場合 Si(000) と Si(1/4 1/4 1/4)になり，GaAs の場合 Ga(000) と As(1/4 1/4 1/4)になる．ダイアモンド構造では各格子点の単位構造を構成する原子は同じであるが，GaAs，β-ZnS のように単位構造を構成する原子が異なる場合はせん亜鉛構造になる．なお，図 1.1（ c ）において太い実線は sp^3 混成軌道（図 1.2（ a ）で説明）からなる共有結合を示す．

次に結晶結合について説明する．結晶結合の種類は結合力の小さいファンデルワールス結合，水素結合，結合力の大きい金属結合，イオン結合，共有結合があるが，ここでは，特に Si や Ge 等の半導体で重要な共有結合，および水分子を緩くつなぐ，または DNA の塩基を結ぶ水素結合について述べる．**図 1.2**（ a ），（ b ），（ c ）は，各々，Si の sp^3 混成軌道，Si の共有結合の様子，お

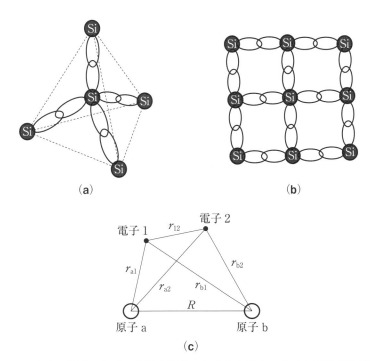

（a）

（b）

（c）

図 1.2 Si 原子の構造．（ a ）sp^3 混成軌道，（ b ）共有結合，（ c ）2 原子が近接した場合の各原子と価電子の位置関係．

よび2原子が近接した場合の各原子と価電子の相互作用を描いたものである．
Si は原子番号が14であり，2p 軌道までは電子で満たされており，最外殻には
3s 軌道に2個，3p 軌道に2個の合計4個の電子をもつ．このような電子を**価**
電子(valence electron)と呼ぶ．Si 原子同士が結晶を作る距離まで互いに近付
くと，**パウリの排他律**(Pauli exclusion principle)により斥力を生じ，3s 軌道の
1個の電子は 3p 軌道に励起され，3s 軌道と3つの 3p 軌道の混成により，図
1.2(a)に示すように，正四面体の中心から頂点に向かう sp^3 混成軌道を作る．
隣接する4個の Si 原子はこの軌道を互いに共有することにより，図1.2(b)
のように互いに1個ずつ電子を出し最外殻を満たして結合する構造をとる．こ
のような結合を**共有結合**(covalent bond)と呼んでいる．なお，この共有結合
している電子にエネルギーを与えて共有結合から切り離す場合，このエネル
ギーの大きさは Si のバンドギャップの大きさに相当する．すなわち，価電子
帯の電子は禁制帯幅に相当するエネルギーを得ることにより伝導帯に励起さ
れ，電子の抜け穴である正孔と電子を対形成する．これは図1.2(b)のよう
に，共有結合をしていた価電子が共有結合からはずれることになる．ところで
共有結合には**交換相互作用**が重要な役割を果す．図1.2(c)で表されるよう
に，原子 a，b が離れている場合は r_{a1}，r_{b2} のみで全エネルギーが表されるの
であるが，原子が近接するとそのエネルギーに r_{a2}，r_{b1}，r_{12}，R で表される
摂動エネルギー (ΔE) が入る．2電子系において相互作用による摂動エネル
ギー(固有エネルギー)の値はスピン一重項(スピン反平行)の寄与とスピン三重
項(スピン平行)の寄与する部分が，式(1.3)，(1.4)で表される．

$$\Delta E_{\mathrm{single}} = K + J \qquad (1.3)$$
$$\Delta E_{\mathrm{triplet}} = K - J \qquad (1.4)$$

ここで，K はクーロン積分項，J は交換積分項を表す．J は交換相互作用とい
う量子力学的事象を表しており，この J の値により，スピンの向きが決定され
る．

　$J > 0$ の場合，$\Delta E_{\mathrm{single}} > \Delta E_{\mathrm{triplet}}$ となり，スピン平行が安定状態になる．強
磁性材料がこれに相当する．

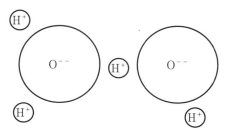

図 1.3　水分子における水素結合.

$J < 0$ の場合，$\Delta E_{\mathrm{single}} < \Delta E_{\mathrm{triplet}}$ となり，スピン反平行が安定状態になる．共有結合の場合がこれに相当する．

図 1.3 は水分子における水素結合の様子を表す．酸素原子の 2p 軌道の電子と水素原子の 1s 軌道の電子が共有結合をしており，2p 軌道には方向性があるため，H-O-H のなす角度は 105 度である．酸素側が負に，水素側が正に帯電する．水素イオンは負電気を帯びた酸素イオンを両側から挟まれる構造をとり，結合を保つ．

1-2　逆格子と $E\text{-}k$ 分散曲線

前節で記載した $\boldsymbol{a}_1$，$\boldsymbol{a}_2$，$\boldsymbol{a}_3$ は実格子空間におけるベクトルであり，これら
の逆数に対応する空間が存在し，これを**逆格子空間**(reciprocal lattice space，
reciprocal space)と呼ぶ．逆格子空間の基本ベクトルを $\boldsymbol{b}_1$，$\boldsymbol{b}_2$，$\boldsymbol{b}_3$ とすると，
以下で表される．

$$\boldsymbol{b}_1 = 2\pi \boldsymbol{a}_2 \times \boldsymbol{a}_3 / V ; \quad \boldsymbol{b}_2 = 2\pi \boldsymbol{a}_3 \times \boldsymbol{a}_1 / V ; \quad \boldsymbol{b}_3 = 2\pi \boldsymbol{a}_1 \times \boldsymbol{a}_2 / V \tag{1.5}$$

ここで，V は $\boldsymbol{a}_1$，$\boldsymbol{a}_2$，$\boldsymbol{a}_3$ で作る基本格子の体積である．逆格子空間の任意の
位置は式(1.6)で表される．$\boldsymbol{G}$ は逆格子ベクトルである．

$$\boldsymbol{G} = v_1 \boldsymbol{b}_1 + v_2 \boldsymbol{b}_2 + v_3 \boldsymbol{b}_3 \tag{1.6}$$

ここで，v_1，v_2，v_3 は任意の整数である．逆格子空間は実空間と異なり，目で
直接見ることは不可能であるが，X 線回折や電子線回折パターンを通して，
間接的に見ることができる．ところで散乱された電磁波の電場，磁場ベクトル
の振幅は散乱振幅 F に比例する．F は以下のように求まる．

電磁波は結晶の電子と相互作用するので，今，結晶のある方向 x の電子密
度を $n(x)$ とすると，$n(x)$ は原子間隔 a の周期関数であり，式(1.7)で表され
る．

$$n(x) = n(x+a) \tag{1.7}$$

フーリエ関数表示では式(1.8)のように記述できる．

$$n(x) = n_p \exp\{i(2\pi p/a)x\} \tag{1.8}$$

ここで，n_p，p は各々複素数，整数を表す．

$|\boldsymbol{G}| = 2\pi p/a$，$|\boldsymbol{r}| = x$ とすると，式(1.9)のように記述できる．

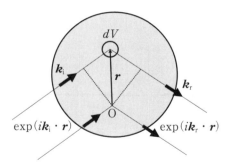

図 1.4 体積素片における入射 X 線と散乱 X 線の関係.

$$n(\boldsymbol{r}) = n_G \exp(i\boldsymbol{G} \cdot \boldsymbol{r}) \qquad (1.9)$$

なお，$n(x)$，$n(\boldsymbol{r})$ 共に n_p，n_G を総和した値である．

図 1.4 に示すように，体積素片に入射した X 線と散乱 X 線の $\boldsymbol{r}$ 離れた位置の位相差による因子は式(1.10)のように記述できる．

$$\exp\{i(\boldsymbol{k}_i - \boldsymbol{k}_r)\boldsymbol{r}\} \qquad (1.10)$$

散乱 X 線の振幅は電子密度と位相因子を掛け合わせたものを，体積で積分した値になり，式(1.11)のように記述できる．

$$F = \sum_G \int n_G \exp\{i(\boldsymbol{G} - \Delta\boldsymbol{k})\boldsymbol{r}\} dV \qquad (1.11)$$

ここで，$\sum$ は逆格子ベクトル $\boldsymbol{G}$ に関しての総和である．n_G はフーリエ係数である．式(1.11)が極大値をもつのは，$\boldsymbol{G} = \Delta\boldsymbol{k}$ の場合である．すなわち，これが原子配列の周期性による，**ブラッグ**(Bragg)**反射**の条件であり，その回折条件は式(1.12)で表される．

$$\boldsymbol{k}_r - \boldsymbol{k}_i = \boldsymbol{G} \qquad (1.12)$$

ここで，$\boldsymbol{k}_i$，$\boldsymbol{k}_r$ は，各々，入射ベクトル，反射ベクトルを示す．この式は入射波と反射波の差が逆格子ベクトルに等しくなるとき，X 線や電子波の散乱

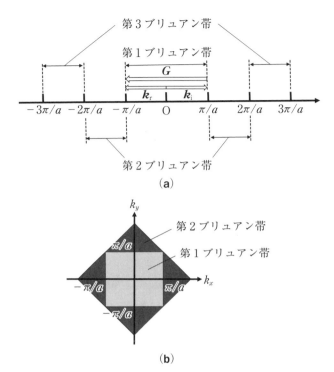

図1.5　逆格子空間とブリュアン帯.（a）1次元空間,（b）2次元空間.

振幅が最大になる, すなわち回折する, という条件の基, 導き出された関係である. この式から次の関係, 式(1.13)が簡単に導き出される.

$$2\boldsymbol{k}\cdot\boldsymbol{G}+\boldsymbol{G}^2=0 \tag{1.13}$$

式(1.13)より1～3次元の逆格子空間を求めることができる. **図1.5**(a),
(b)は1次元, 2次元の逆格子空間を示す. 3次元逆格子空間については2-1
章で説明する. ブラッグの回折条件が成立しない領域, 言い換えると物質中に
波が存在することのできる領域を**ブリュアン帯(ゾーン)**(Brillouin zone)と呼
ぶ. 1次元では第1～第3ブリュアン帯, 2次元では第1, 2ブリュアン帯を示
してある. 1次元の逆格子空間の第1ブリュアン帯でのブラッグ反射を示す.
原点Oから第1ブリュアン帯端(π/a)に向かう入射波($\boldsymbol{k}_\mathrm{i}$)が全反射($\boldsymbol{G}$)され,

原点 O から第 1 ブリュアン帯端 $(-\pi/a)$ に向かう反射波 $(\boldsymbol{k}_{\mathrm{r}})$ になる. 式 (1.13)が満足されることがわかる. 各々のブリュアン帯の境界においては, ブラッグ反射を生じることになる. なお, 逆格子空間は数学的にはフーリエ空間に対応する.

次に, エネルギーと波数の関係, E-k 分散曲線について説明する. 電子が固体結晶のように, 周期的ポテンシャル場にある場合の様子を 1 次元, 定常状態に適用されるシュレーディンガーの波動方程式(1.14)により解析する.

$$-\frac{\hbar^2}{2m}\frac{\partial^2\phi(x)}{\partial x^2} + V(x)\phi(x) = E\phi(x) \tag{1.14}$$

ここで, E は電子の全エネルギー, m は固体結晶中における電子の有効質量, $V(x)$ はポテンシャル・エネルギーを表す. $\phi(x)$ は**波動関数**(wave function)と呼ばれ, 電子波の振幅を表す. $|\phi(x)|^2$, または $\phi^*(x)\phi(x)$ は電子の**確率密度**(probability density)を表しており, $\phi^*(x)$ は $\phi(x)$ の共役複素関数である. 確率密度は**存在確率**, または**共存確率**と呼ばれることもある. これは数学的確率とは意味を異にしており, 複数の状態が同時に存在する確率という意味である. この語源は, 平行に並んだ複数のスリットに光子を 1 個ずつ飛ばして, 背面のスクリーンに描かれる干渉パターンの実験, あるいは有名なシュレーディンガーの猫の仮想実験から理解できる. ところで, $\phi(x)$ は正確には時間の関数でもあり, $\phi(x,t)$ と表せる. 波動関数の物理的意味は, 粒子の状態が波動関数 $\phi(x,t)$ で表されるとき, 粒子を x と $x+dx$ の間の領域に, 時刻 t において見出す確率は $\phi^*(x)\phi(x)dx$ に等しい, というようになる. 結晶内のポテンシャル・エネルギーは**クローニヒ-ペニー**(Kronig-Penney)**モデル**, いわゆる, 周期的矩形ポテンシャルを適用する. 格子位置に相当する領域はポテンシャル・エネルギーを 0, 格子間は高さ U_0 の障壁, ポテンシャル障壁を矩形近似で仮定する. ここでは格子位置は $x = b/2$ であり, $0 < x < b$ の範囲で $U = 0$ である. 格子間は $-c < x < 0$ と $b < x < a$ の範囲であり, この領域では $U = U_0$ である. この解法は他の専門書(1 引用文献[7])に詳述されているので詳細は省く. このポテンシャル場における電子の波動関数を ϕ として,

障壁の外部と内部の 2 つの領域に分けて解く．

（Ⅰ）　$0 < x < b$（この領域では $U = 0$ である）

　解は式(1.15)で表される．

$$\phi_1 = A \exp(j\alpha x) + B \exp(-j\alpha x) \tag{1.15}$$

ただし，$\alpha = \dfrac{\sqrt{2mE}}{\hbar}$．

（Ⅱ）　$-c < x < 0$（この領域では $U = U_0$ である）

　解は式(1.16)で表される．

$$\phi_2 = C \exp(\beta x) + D \exp(-\beta x) \tag{1.16}$$

ただし，$\beta = \dfrac{\sqrt{2m(U_0 - E)}}{\hbar}$，$(U_0 > E)$

ところで，理想的結晶内では周期 a のポテンシャル構造であることから，式(1.17)が成立する．ただし，$k = 2\pi/\lambda$ とする．ϕ_3 を $b < x < a$ の間の波動関数とすると，式(1.17)が成立する．

$$\phi_3 = \phi_2 \exp(jka) = \{C \exp(\beta x) + D \exp(-\beta x)\}\exp(jka) \tag{1.17}$$

以上，式(1.15)〜(1.17)に，式(1.18)〜(1.21)で表される境界条件を代入して，積分定数 A，B，C，D を求める．

$$\phi_1|_{x=0} = \phi_2|_{x=0} \tag{1.18}$$

$$\frac{d\phi_1}{dx}\bigg|_{x=0} = \frac{d\phi_2}{dx}\bigg|_{x=0} \tag{1.19}$$

$$\phi_1|_{x=b} = \phi_3|_{x=b} = \phi_2|_{x=-c}\exp(jka) \tag{1.20}$$

$$\frac{d\phi_1}{dx}\bigg|_{x=b} = \frac{d\phi_3}{dx}\bigg|_{x=b} = \frac{d\phi_2}{dx}\bigg|_{x=-c}\exp(jka) \tag{1.21}$$

以上より，A，B，C，D に関する方程式が立てられ，それらが 0 以外の解を
もつためには各係数で構成される行列式が 0 であるという条件から式(1.22)が
求まる(付録 4 参照).

$$\frac{\beta^2 - \alpha^2}{2\alpha\beta} \sinh \beta c \sin \alpha b + \cosh \beta c \cos \alpha b = \cos ka \qquad (1.22)$$

$\{(mU_0 cb)/\hbar^2\} \equiv P$ とおくと，式(1.22)は式(1.23)のようになる.

$$P \frac{\sin \alpha b}{\alpha b} + \cos \alpha b = \cos ka \qquad (1.23)$$

ここで，P はディメンジョンのない量である. 式(1.23)において左辺を αb の
関数として表すと，**図 1.6** のようになる. $|\cos ka| \leq 1$ であるので，式(1.23)
の左辺の絶対値も 1 以下になる. このことを図 1.6 で考えると，太い曲線で表
された領域の αb の値のみが許されることになる. ここで，αb とエネルギー E
は式(1.24)のように表される.

$$\frac{(\alpha b)^2}{\pi^2} = E \frac{8mb^2}{h^2} \qquad (1.24)$$

以上より，$E\text{-}k$ 分散曲線は**図 1.7** のようになる. この図からわかるように，
結晶中においては，電子のエネルギーはとびとびの値をとり，$ka = n\pi$ で存在
が許されない**禁止帯**(forbidden band)と呼ばれる領域ができる(付録 5 参照).
エネルギーの許容される領域はブリュアン帯である. 以上，エネルギー帯の考
え方はおよそ理解できたと思われる. 半導体デバイスの動作を検討する場合，
最初の取りかかりはエネルギー帯であり，この方法は簡便で重要である. **図
1.8**(a)〜(c)は，導体(金属)，半導体，絶縁体のエネルギー帯構造を示す.
導体(金属)ではバンドの中央値まで電子で占有される. 電流が流れる，熱伝導
が生じる場合，電子がエネルギーをもらい非占有準位に遷移する現象が起き
る. 半導体では価電子帯のエネルギー端近傍の電子が雰囲気からエネルギーを
もらい(室温では 0.026 eV)伝導帯に遷移する. 真性半導体では励起された電子

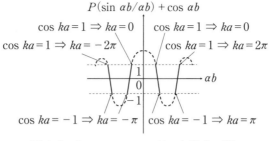

図 1.6　シュレーディンガー方程式の解.

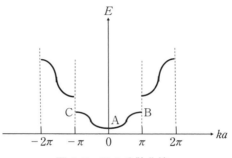

図 1.7　E-k 分散曲線.

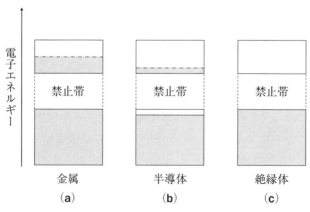

図 1.8　金属，半導体，絶縁体のエネルギー帯構造.

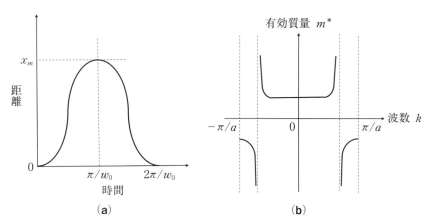

図1.9 ブロッホ振動の解析．（a）距離と時間の関係，（b）質量と波数の関係．

と抜け穴である**正孔**(hole)の数は同数であり，それらがキャリヤになる．絶縁体では禁止帯のエネルギー幅が金属，半導体より大きく，伝導帯への電子の遷移はなく，電気が流れない．

　次に，第1ブリュアン帯のみを運動する電子について考える．この運動は，**ブロッホ**(Bloch)**振動**と呼ばれて，式(1.26)に示す単振動になる．今，図1.7の分散関係を簡単にするため，第1ブリュアン帯を式(1.25)で仮定する．

$$E(k) = \frac{E_m}{2}\left\{1 - \cos\left(\pi\frac{k}{k_m}\right)\right\} \tag{1.25}$$

ここで，k_m，E_m は，各々，ブリュアン領域端の波数，エネルギーを表す．運動した距離と時間の関係は，式(1.26)のように求まり，単振動することがわかる．

$$x = \int_0^t V_g dt = \frac{x_m}{2}(1 - \cos\omega_0 t) \tag{1.26}$$

ただし，$x_m = E_m/qE_0$ である．

　なお，V_g は**群速度**(phase velocity)を表し，$V_g = (1/\hbar)(dE/dk)$ である．**図**

1.9（a），（b）は，式(1.26)で表されたブロッホ振動の距離と時間の関係，および第1ブリュアン帯の質量と波数の関係を示す．今，電子が電界 E（図1.7の波数 k 軸の正から負に向かう方向に印加されている）からエネルギーを得て，Γ点（A点）から第1ブリュアン帯の境界点（B点）に到達し，ブラッグ反射を受けて，第1ブリュアン帯の逆方向の境界点（C点）に移動する．すなわち，図1.5（a）で説明したように，Γ点から第1ブリュアン帯端(π/a)に向かう入射波($\boldsymbol{k}_\mathrm{i}$)がブラッグ反射($\boldsymbol{G}$)され，Γ点から第1ブリュアン帯端($-\pi/a$)に向かう反射波($\boldsymbol{k}_\mathrm{r}$)になる．このことは図1.7では山のピークでブラッグ反射を受けることになる．その後，C点から再び E-k 分散曲線上をΓ点に戻る運動をして1周回ることになる．これは図1.9（a）では山のピークから $t=2\pi/w_0$ の点に下る運動，すなわち空間的には逆方向に動くことになる．

　このような周期的ポテンシャル中の電子と真空中の電子の違いについて考える．真空中の電子の E-k 分散曲線は $E=(\hbar k)^2/2m_0$（m_0 は電子の真空中質量）で表されるように k の単純な2次曲線である．周期的ポテンシャル中と真空中ではブリュアン帯端近傍の挙動のみが異なり，それ以外の領域では周期的ポテンシャル中と真空中では電子は同じ挙動を示す．特に有効質量についてみれば，図1.9（b）に示すように，ブリュアン帯端近傍でのみ負質量を示す．負質量の意味はブリュアン帯端近傍では周期ポテンシャルからの反射成分が大きくなり，外場から電子に与えられる運動量よりも電子から格子に移る運動量が大きくなることと等価である．

one point 1　共存確率

　量子力学とは確率解釈と波動収縮を組み合わせた体系と考えられている．ボルン(Born)に負うところが大きいのであるが，確率解釈とは粒子が確率密度で表される値で定義している空間に同時に存在する(共存という言葉を使うこともある)ことを意味する．そして，粒子の位置を観測することにより，ある特定位置にのみ波動が収縮する．

　例えば，光源，スリット，スクリーンの順に配置すると，スクリーン上にはアナログ値である干渉パターンが観察される．今，光源とスリットの間にシャッターを置き，シャッターの開いている時間を短くしフォトン1個ずつをスリットに当てていくと仮定する．スクリーン上にはデジタル値である点群(強度に対応)が観察されることになる．しかしながらこの開閉の頻度をあげていくと干渉パターンに限りなく近づく．すなわち，アナログ値とデジタル値が確率を介して結ばれる．さらに，スリットを2個開けて配置し同様の実験を行うとスクリーン上には2つのスリットを通過した波の干渉パターンが観察される．今，スリットの片方を閉じて片方だけから光を入射させると，干渉パターンが2つのスリットに対応して2箇所に観測される．ところが，この2つの干渉パターンを足し合わせても2つのスリットを通過した波の干渉パターンを得ることができない．ここで，光源とスリットの間にシャッターを置き，シャッターの開いている時間を短くしフォトン1個ずつをスリットに当てていくと仮定する．その場合，スクリーンに現れる点群は2つのスリットを通過した波の干渉パターンに近づく．このことは1個のフォトンが同時に2つのスリットを通過した証明である．すなわち，この履歴が干渉を起こしているのである．これが空間に同時に存在するという意味である．

　ところで，スクリーン上の像は観測結果であり，片方のスリットを閉じる場合と閉じない場合で差異を生じるのは人間が観測という行為を行うとある結果を得られ，その位置に波動収縮を起こすことに対応する．異なった条件により異なった観測結果を得られるということを表している．

1-3　自由電子フェルミ気体

　金属中には正の電気を帯びたアボガドロ数個の原子殻が存在するにもかかわらず，自由電子はそれらに衝突することなく自由に移動できる．この理由は原子殻が規則正しく並ぶことにより周期的ポテンシャルの形成が可能になり，エネルギー帯を形成して電子がその中を移動するからであるということを前節で説明した．パウリの排他律より，エネルギー帯を形成する各軌道には電子は1個しか存在できず，このような電子を**自由電子フェルミ気体**と呼んでいる．自由電子フェルミ気体は統計的分布規則に従っており，その関数を**フェルミ-ディラック分布関数**（Fermi-Dirac distribution function）と呼び，式(1.27)で表される．

$$f(E) = \frac{1}{\exp\{(E - E_{\mathrm{f}})/k_{\mathrm{B}}T\} + 1} \tag{1.27}$$

すなわち，1つの電子がエネルギー E の準位を占有する確率は $f(E)$ で与えられる．E_{f} は**フェルミエネルギー**（Fermi energy）を表しており，平衡状態において定義され，絶対零度において電子が取り得る最大エネルギーである．**図**

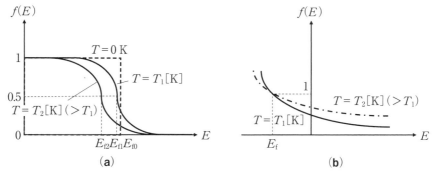

図 1.10　フェルミ-ディラック分布関数．（a）占有率と温度，エネルギーの関係，（b）ボルツマン分布関数．

1.10(a), (b)は, FD 分布関数を縦軸に $f(E)$, 横軸にエネルギー E をとり描いたものである. 図 1.10(a)に示すように, 絶対零度($T=0\,\mathrm{K}$)においては FD 分布関数は階段状になる. フェルミエネルギーまでは電子が各エネルギー準位を必ず占有する($f(E)=1$)が, フェルミエネルギーを超えると電子は存在しない($f(E)=0$). 温度が上昇すると, フェルミエネルギーより小さいエネルギー準位にある電子(およそ $k_\mathrm{B}T$ 幅に存在する電子)は $k_\mathrm{B}T$ のエネルギーを得て, より大きいエネルギー準位に存在できるようになるので, 分布関数はなだらかな曲線になる. なお, フェルミエネルギーと温度の関係は式(1.28)で与えられており, 温度が上昇するに従い, フェルミエネルギーは小さくなる.

$$E_\mathrm{f}=E_\mathrm{f0}\left\{1-\frac{\pi^2}{12}\left(\frac{k_\mathrm{B}T}{E_\mathrm{f0}}\right)^2\right\} \tag{1.28}$$

ここで, E_f0 は絶対零度におけるフェルミエネルギーの値である.

温度がさらに上昇し, $k_\mathrm{B}T$ が E_f0 より大きくなるあたりからフェルミエネルギーは負の値をとるようになる. 温度が極めて高温になると, 式(1.27)の分母の指数関数項が大きくなり, 分母の 1 が省略できて, 式(1.29)で表される.

$$f(E)=\exp\left(\frac{E_\mathrm{f}-E}{k_\mathrm{B}T}\right) \tag{1.29}$$

この関数は後に説明するが, 正に古典分布であり, 図 1.10(b)に示すようなボルツマン型の分布になる. なお, n 型, p 型半導体の電子密度の導出の際の分布関数には式(1.29)を使う. このように, 電子は低温〜高温ではフェルミ分布をするが, 極めて高温($\sim 10^4\,\mathrm{K}$)になると古典分布をするようになる. このようなフェルミ-ディラックの分布関数に従う粒子は**フェルミオン**(Fermion)と呼ばれ, 電子以外に, 陽子, 中性子等がある.

ここで, 通常の完全結晶中の電子状態, すなわち 3 次元結晶の中に存在する電子の**状態密度**(density of state)について説明する. 状態密度とは, 単位体積, 単位エネルギー当たり占有できる電子状態の数を表す. 今, 3 次元の井戸構造を仮定する. 一辺の長さが L_x, L_y, L_z の直方体を考え, 各境界条件はポ

テンシャルが $0 < x < L_{x,y,z}$ の場合 $V = 0$，$x < 0$ および $x > L_{x,y,z}$ の場合 $V = \infty$ とすると，エネルギーは式(1.30)で表されることは簡単に導かれる．

$$E = \frac{h^2}{8\pi^2 m} k^2 = \frac{h^2}{8\pi^2 m} (k_x^2 + k_y^2 + k_z^2) \tag{1.30}$$

ここで，$k_x = \dfrac{\pi}{L_x} n_x$，$k_y = \dfrac{\pi}{L_y} n_y$，$k_z = \dfrac{\pi}{L_z} n_z$ である．

　$L_{x,y,z}$ は十分大きいと仮定した場合の状態密度を求める．エネルギー幅 dE の中に存在する準位数を $dn_x dn_y dn_z$ とすると，3次元結晶の場合，状態密度 $D(E)$ は式(1.31)のように表される．

$$D(E) = 2 \times \frac{dn_x dn_y dn_z}{dE} \times \frac{1}{L_x L_y L_z} \tag{1.31}$$

また，3次元結晶の場合，k と $k + dk$ の間に入る状態の数は球殻の体積に相当するので，式(1.32)のようになる．なお，$k \geq 0$ の条件から左辺に係数 $1/8$ がかかる．

$$4\pi k^2 dk \times \frac{1}{8} = dk_x dk_y dk_z \tag{1.32}$$

式(1.30)〜(1.32)より，式(1.33)が導かれる．

$$D(E) = \frac{4\pi (2m)^{3/2}}{h^3} E^{1/2} \tag{1.33}$$

E と $E + dE$ のエネルギー準位間に存在する単位体積当たりの電子数 dn は，スピンを考慮すると式(1.34)のように表される．

$$dn = 2f(E)D(E)dE \tag{1.34}$$

E_{c}，E_{ct} を，各々，バンド端のエネルギー値とすると，エネルギー帯内の電子密度 n はエネルギー範囲 $E_{\mathrm{c}} \sim E_{\mathrm{ct}}$ で積分すると求まり，式(1.35)のように表

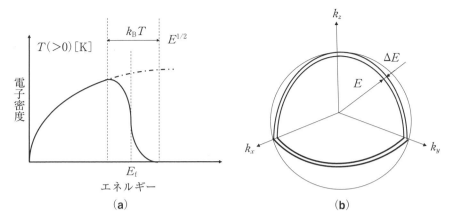

図 1.11 電子密度分布とフェルミ球.（a）電子密度 n とエネルギー E の関係,（b）3 次元 K 空間のフェルミ球.

される.

$$n = 2\int_{E_c}^{E_{ct}} f(E)D(E)dE \qquad (1.35)$$

図 1.11（a）,（b）は,ある温度 $T(>0)$[K]における電子密度 n とエネルギー E の関係,および 3 次元 K 空間のフェルミ球を示す.フェルミエネルギー近傍の電子は $k_B T$ のエネルギーを得て高い準位へ励起されるため,電子密度分布に $k_B T$ にわたり高エネルギー側にテイルを引く.フェルミ球で表すと,エネルギー E と $E + \Delta E$ の間の球殻の部分がこの領域の電子に対応する.電子気体の比熱を考える.雰囲気温度が T[K]の場合,古典論では全ての電子が $k_B T$ 程度のエネルギーを得ると考えるので,比熱 C_{e1} は $(3/2)Nk_B$ となるが,実験値ではその 1/100 以下であり,そのオーダー上の差を解明できなかった.しかし,前述の考え方を導入すると,$C_{e1} \simeq Nk_B(T/T_F)$($T_F$:フェルミ温度)となり,$T_F \sim 5 \times 10^4$ K とすると古典論で求めた値の 1/100 以下となり,実測値にほぼ一致する.金属の熱伝導率は大きいが,熱伝導を担う電子もフェルミエネルギー近傍の電子である.

── one point 2　ボーズ-アインシュタイン分布関数 ──

　量子的統計分布則はすでに説明した．フェルミ-ディラック関数以外にボーズ-アインシュタイン分布関数と呼ばれるものがある．導出の方法は両者同じであるので，それを含めて説明する．今，ある系とリザーバーを考える．系の状態が粒子数 N，エネルギー E にあると仮定するとき，この状態にある確率 $P(N, E)$ は，統計力学より式(1p.1)で表される．

$$P(N, E) = e^{(N\mu - E)/\tau} \tag{1p.1}$$

μ，τ は，各々，化学ポテンシャル，温度である．式(1p.1)で表した項は**ギブス因子**(Gibbs factor)と呼ばれている．ギブス因子を系，粒子数について加え合わせた和を**大きな状態和**と呼び，式(1p.2)で表される．

$$Z(\mu, \tau) = \sum_{N=0}^{\infty} \sum_{l} e^{(N\mu - E)/\tau} \tag{1p.2}$$

ε のエネルギーを持つ粒子がある軌道に n 個存在するとき，そのエネルギー E は $n\varepsilon$ である．ただ1個の軌道を系として取り扱う．この軌道には任意の数の電子を入れることができるので，大きな状態和は式(1p.3)のようになる．

$$Z = \sum_{n=0}^{\infty} \lambda^n e^{-n\varepsilon/\tau} = \sum_{n=0}^{\infty} (\lambda e^{-\varepsilon/\tau})^n \tag{1p.3}$$

ただし，$\lambda = e^{\mu/\tau}$，$x \equiv \lambda e^{-\varepsilon/\tau}$ とすると，式(1p.3)は次のようになる．

$$Z = \sum_{n=0}^{\infty} x^n = \frac{1}{1 - \lambda e^{-\varepsilon/\tau}} \tag{1p.4}$$

　軌道に存在する粒子の平均は，アンサンブル平均値の定義より，式(1p.5)で表される．

$$\langle n(\varepsilon) \rangle = \frac{\displaystyle\sum_{n=0}^{\infty} n x^n}{\displaystyle\sum_{n=0}^{\infty} x^n} = \frac{x \dfrac{d}{dx} \displaystyle\sum_{n=0}^{\infty} x^n}{\displaystyle\sum_{n=0}^{\infty} x^n} \tag{1p.5}$$

式(1p.5)の積分計算を行い，FD 分布関数を求めたのと同じ処理を施すと，次式のボーズ–アインシュタイン分布関数が求まる.

$$f(\varepsilon) = \frac{1}{e^{(\varepsilon - \mu)/\tau} - 1} \tag{1p.6}$$

ところで，$|\varepsilon - \mu| \ll \tau$ では式(1p.6)は無限大に発散する. 特に，低温になるとこの傾向は強くなる. このような状態を**ボーズ凝縮**と呼び，多くの粒子はフェルミエネルギー近傍に集まる. ボーズ凝縮により巨視的な量子現象が観測されるようになる. 例えば，電気抵抗がゼロになるといった超伝導現象がそれに相当する. BE 分布関数に従う粒子は**ボゾン**(boson)と呼ばれ，**光子**(**フォトン**，photon)，**音響量子**(**フォノン**，phonon)の他に，超伝導状態にある電子の**クーパー対**(Cooper pair)などがある.

1-4　半導体のキャリヤ濃度と電気伝導

　Si に As(砒素)，P(リン)，Sb(アンチモン)等の 5 価の不純物元素を添加すると **n 型半導体**(negative(n)-type semiconductor)になり，B(ボロン)，Al(アルミニウム)，Ga(ガリウム)等の 3 価の不純物元素を添加すると **p 型半導体**(positive(p)-type semiconductor)になる．これらを**不純物半導体**(impurity semiconductor)，または**外因性半導体**(extrinsic semiconductor)と呼ぶ．**図 1.12**(a)，(b)，(c)，(d)は，各々，n 型半導体の化学的結合状態，そのエネルギー帯構造，p 型半導体の化学的結合状態，およびそのエネルギー帯構造を示す．n 型不純物として P を添加した場合を示す．P の 4 個の電子は正四面体共有結合を形成し，5 番目の電子が電気伝導を担う．この電子は室温に相当するエネルギーで P 原子核の束縛をのがれ，P は余分な正電荷をもつイオンとして存在し，電気伝導に寄与する電子は P イオンと緩い結合を作り，P イオンを中心に円運動をする．簡単な計算からその半径は 1.17 nm になる．このような不純物を**ドナー不純物**(donor impurity)と呼ぶ．不純物原子が置換位置に置かれると，フェルミ準位と伝導帯エッジの間に**ドナー準位**(donor level)ができる．p 型不純物として B を添加した場合を示す．B は 3 個の価電子をもつので Si 共有結合から電子を 1 個もらい，B を中心とした正四面体共有結合を形成する．したがって，Si の価電子バンドに電子の抜け穴，すなわち**正孔（ホール）**(hole)を形成する．このホールが伝導を担う．このような不純物を**アクセプタ不純物**(acceptor impurity)と呼ぶ．不純物原子が置換位置に置かれると，フェルミ準位と価電子帯エッジの間に**アクセプタ準位**(acceptor level)ができる．ドナー準位，アクセプタ準位共に絶対零度近傍の低温領域ではキャリヤの励起はないが，室温近傍になると，ドナー準位の電子は伝導帯に励起され，ドナー準位は正に帯電，またアクセプタ準位には価電子帯の電子が励起され負に帯電する．すなわち，n 型半導体の空乏層は正電気をもつ空間電荷層，p 型半導体の空乏層は負電気をもつ空間電荷層として扱うことができる．

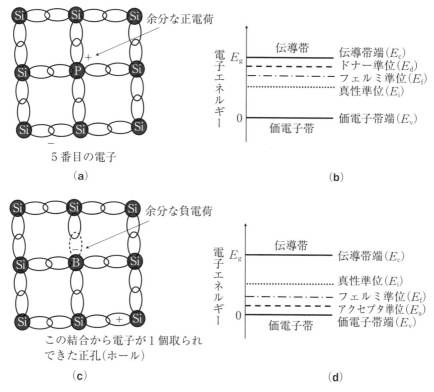

図 1.12 Si に不純物元素を添加した半導体. (a) n 型半導体の結合状態, (b) エネルギー帯構造, (c) p 型半導体の結合状態, (d) エネルギー帯構造.

n 型半導体中の電子, p 型半導体中の正孔を**多数キャリヤ** (majority carrier), また, n 型半導体中の正孔, p 型半導体中の電子を**少数キャリヤ** (minority carrier) と呼ぶ. n 型, p 型半導体では不純物添加量を制御することにより, 多数キャリヤの濃度を自由に変えることができる (付録 6 参照).

次に n 型半導体中のキャリヤ密度を式 (1.35) により求める. 式 (1.33) より, 状態密度 $D(E)$ は式 (1.36) で表される.

$$D(E) = \frac{4\pi (2m_e^*)^{3/2}}{h^3} (E - E_c)^{1/2} \tag{1.36}$$

また，分布関数は式(1.37)で表される．

$$f(E) = \exp\left(-\frac{E - E_{\mathrm{f}}}{k_{\mathrm{B}}T}\right) \tag{1.37}$$

式(1.36)，(1.37)を，式(1.35)に入れて積分範囲を$E_{\mathrm{c}} \sim \infty$ として積分を実行すると式(1.38)が得られる．

$$n = 2\left(\frac{2\pi m_{\mathrm{e}}^* k_{\mathrm{B}}T}{h^2}\right)^{3/2} \exp\left\{\frac{-(E_{\mathrm{c}} - E_{\mathrm{f}})}{k_{\mathrm{B}}T}\right\} = M_{\mathrm{c}} \exp\left\{\frac{-(E_{\mathrm{c}} - E_{\mathrm{f}})}{k_{\mathrm{B}}T}\right\} \tag{1.38}$$

M_{c} は**有効状態密度**(effective state density)と呼ばれており，式(1.38)からわかるように，伝導帯端のボルツマン分布の確率を乗じることから，電子が伝導帯端にのみ存在すると仮定したときの電子濃度である．正孔についても同様に計算して式(1.39)が得られる．

$$p = 2\left(\frac{2\pi m_{\mathrm{h}}^* k_{\mathrm{B}}T}{h^2}\right)^{3/2} \exp\left\{\frac{-(E_{\mathrm{f}} - E_{\mathrm{v}})}{k_{\mathrm{B}}T}\right\} = M_{\mathrm{v}} \exp\left\{\frac{-(E_{\mathrm{f}} - E_{\mathrm{v}})}{k_{\mathrm{B}}T}\right\} \tag{1.39}$$

次に **pn 積**(pn product)について説明する．式(1.38)と式(1.39)より，pn 積は式(1.40)で表される関数になる．

$$pn = 4\left(\frac{2\pi k_{\mathrm{B}}T}{h^2}\right)^3 (m_{\mathrm{e}}^* m_{\mathrm{h}}^*)^{3/2} \exp\left(-\frac{E_{\mathrm{g}}}{k_{\mathrm{B}}T}\right) \tag{1.40}$$

この式の意味するところは，温度一定であればpn 積も一定値をとり，非平衡状態でキャリヤが増加，減少した場合，pn 積の値に近づくように，再結合，生成，注入を生じることである．これは**質量作用の法則**(mass action law)と呼ばれている．

真性半導体においては$n = p = n_{\mathrm{i}}$であるので，キャリヤ密度は式(1.41)のように表される．

$$n_{\mathrm{i}} = n = p = 2\left(\frac{2\pi k_{\mathrm{B}}T}{h^2}\right)^{3/2} (m_{\mathrm{e}}^* m_{\mathrm{h}}^*)^{3/4} \exp\left(-\frac{E_{\mathrm{g}}}{2k_{\mathrm{B}}T}\right) \tag{1.41}$$

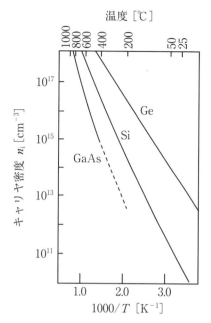

図1.13　各半導体のキャリヤ密度の温度依存性.

図1.13は各半導体のキャリヤ密度の温度依存性を示す. 半導体の禁制帯幅に依存して特性が異なる.

式(1.38), (1.39)において $p/n = 1$ と置くと, 真性半導体のフェルミエネルギー E_f は, 式(1.42)のように表される.

$$E_f = \frac{E_c + E_v}{2} - \frac{3k_B T}{4} \ln\left(\frac{m_e^*}{m_h^*}\right) \tag{1.42}$$

正孔の有効質量の方が電子よりも大きいので, 真性半導体のフェルミ準位はバンド中心より若干高い方に位置する.

次に外因性半導体のフェルミエネルギーについて考える. $T = 0\,\mathrm{K}$ ではドナー準位の電子は励起されないので, ドナー準位は完全に電子により占有されており, 占有率は1である. 伝導帯には電子は存在しないので占有率は0であ

る．フェルミエネルギーは占有率が0.5の部分であるので，ドナー準位のエネルギーをE_dとすると以下のようになる．

$$E_f = \frac{E_c + E_d}{2} \tag{1.43}$$

絶対零度近傍においても伝導帯の電子数とドナー準位の正イオン数は同数であることからフェルミ準位は式(1.43)で表される．式(1.43)を式(1.38)に代入することにより，電子密度は式(1.44)のように求まる．

$$n = M_c \exp\left\{-\frac{(E_c - E_d)}{2k_B T}\right\} \tag{1.44}$$

この温度領域を**不純物領域**と呼ぶ．温度がさらに上昇し室温付近になるとドナー準位の電子は全て伝導帯に励起され，$n = N_d$となる．この領域では電子がドナー準位から出払っていることから，この温度領域を**枯渇領域**と呼ぶ．フェルミエネルギーの値はさらに下がる．温度が十分高温になると価電子帯から伝導帯への熱励起を生じるようになり，電子濃度は式(1.41)に従うようになる．この領域を**真性温度領域**(intrinsic temperature range)と呼ぶ．ここで，不純物濃度が励起されたキャリヤ濃度に等しくなる温度T_iが定義される．

　低温領域のキャリヤ濃度をもう少し数式化する．電子と正孔の数の中性条件が保たれるためには，伝導帯にある電子の数nはドナー準位の正イオン密度N_d^+と価電子帯の少数キャリヤである正孔密度pの和に等しい．

$$\begin{aligned}
n &= \frac{2N_c}{1 + \exp\{(E_g - E_f)/k_B T\}} \\
&= N_d\left[1 - \frac{1}{1 + \exp\{(E_d - E_f)/k_B T\}}\right] + 2N_v\left[1 - \frac{1}{1 + \exp\{-E_f/k_B T\}}\right]
\end{aligned} \tag{1.45}$$

式(1.45)において，少数キャリヤは無視できるので第2項は考えなくてよい．詳細は1引用文献[6]に譲るが，フェルミエネルギーと温度の関係は式(1.46)

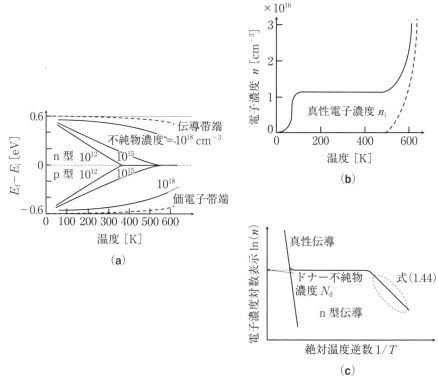

図 1.14 フェルミエネルギーと電子濃度.（a）フェルミエネルギーの温度依存性，（b）電子濃度と温度の関係，（c）対数表示電子濃度と温度の関係.

のようになる.

$$E_{\mathrm{f}} = -\frac{k_{\mathrm{B}}T}{2}\log\frac{2AT^{\frac{3}{2}}}{N_{\mathrm{d}}} + \frac{E_{\mathrm{g}}+E_{\mathrm{d}}}{2} \tag{1.46}$$

なお，$A = (2\pi k_{\mathrm{B}}m_{\mathrm{e}}^{*}/h^{2})^{3/2}$ であり，N_{d} はドナー不純物濃度である.

　図 1.14（a），（b），（c）は，フェルミエネルギーの温度依存性，電子濃度と温度の関係，および対数表示電子濃度と温度の関係を表したものである. 低温領域の電子濃度は式（1.44）に対応する.

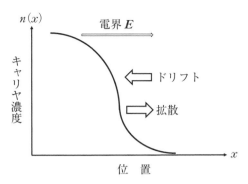

図1.15 n型半導体中のキャリヤ濃度と位置の関係.

　半導体中の電気伝導は電界を印加したときに伝導帯の電子，価電子帯の正孔が互いに逆向きに移動することにより生じる**ドリフト電流**(drift current)とキャリヤの濃度分布の不均一さに起因する**拡散電流**(diffusion current)がある．半導体に電界Eを印加すると，キャリヤは電界に比例した速度vをもち，その関係は$v = \mu E$で表される．この比例定数μを**移動度**(mobility)と呼び，単位電界が印加された場合，単位時間にキャリヤが動く距離になる．移動度についてはこの節の最後にもう少し詳しく説明する．**図1.15**は電界Eが印加された場合のn型半導体中のキャリヤ濃度と位置の関係を示す．今，1次元を仮定してx方向に電界Eがかかっているとする．電子のドリフト流を生じ，それにより濃度分布ができ，拡散電流を生じる．p型半導体では濃度曲線が左右逆になり，ドリフトと拡散はn型半導体とは逆になる．ドリフトによるキャリヤの移動により，電子，正孔による全ドリフト電流をJ_{drift}とすると，式(1.47)のように表される．

$$J_{\mathrm{drift}} = nev_{\mathrm{e}} + pev_{\mathrm{h}}$$
$$= ne\mu_{\mathrm{e}}E + pe\mu_{\mathrm{h}}E = \sigma E \tag{1.47}$$

ここで，n，p，μ_{e}，μ_{h}，σ，eは，各々，電子濃度，正孔濃度，電子および正孔の移動度，半導体の**導伝率**(conductivity)，素電荷を表す．

　電子の**拡散定数**(diffusion constant)をD_{e}とすると，x軸の正方向に流れる

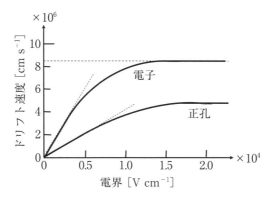

図1.16　Si における電子，正孔のドリフト速度と電界の関係.

電子数は単位面積，単位時間当たり $-D_e\{dn(x)/dx\}$ 個となる．負号は濃度微分が負になるためである．正孔の場合も同様にして，x 軸の負方向に流れる正孔数は単位面積，単位時間当たり $D_h\{dp(x)/dx\}$ 個となる．以上より電子，正孔の拡散電流 $J_{\mathrm{diff,e}}$，$J_{\mathrm{diff,h}}$ は，各々，式(1.48)，(1.49)のように表される．

$$J_{\mathrm{diff,e}} = -eD_e\frac{dn(x)}{dx} \tag{1.48}$$

$$J_{\mathrm{diff,h}} = eD_h\frac{dp(x)}{dx} \tag{1.49}$$

半導体中を流れる電流はドリフト電流と拡散電流の総和であるから，電子電流 J_e，正孔電流 J_h は，各々，式(1.50)，(1.51)のように表される．

$$J_e = ne\mu_e|\boldsymbol{E}| + eD_e\frac{dn(x)}{dx} \tag{1.50}$$

$$J_h = pe\mu_h|\boldsymbol{E}| - eD_h\frac{dp(x)}{dx} \tag{1.51}$$

図1.16 は Si における電子，正孔のドリフト速度と電界の関係を示す．電界が 0 では電子は式(1.52)で表される熱速度 v_{th} で全ての方向に運動するので

平均速度は0になる．電界が印加されるに従い，電界と逆方向に徐々に速度を
もつようになる．電界が小さい間，緩和時間は熱速度より決まりほぼ一定であ
るが，電界が大きくなると，衝突頻度が増し，緩和時間が小さくなり，直線関
係からずれる．しかし，熱速度を超えることはないので極めて高電界になる
と，速度飽和がおこる．電子の有効質量が正孔よりも小さいことから移動度は
電子の方が大きい．

$$\frac{1}{2} m_\mathrm{e} v_\mathrm{th}^2 = \frac{3}{2} k_\mathrm{B} T \tag{1.52}$$

　次に移動度の大きさに影響を及ぼす因子について考える．移動度 μ は**ド
ルーデ**(P. Drude)**の理論**から次式で表される．

$$\mu = \frac{e\tau}{m^*} \tag{1.53}$$

τ は**緩和時間**と呼ばれ，電子の格子への衝突に関し，衝突から衝突までの平均
時間である．なお，ここで格子への衝突と記したが実は2つの意味をもってい
る．電子，または正孔と不純物イオンとの間で生じるクーロン相互作用による
散乱が挙げられる．この効果は低温側で効く．また，格子振動に関して，電
子，または正孔が格子から受け取る振動エネルギーが散乱を引き起こす．その
ため，高温になるほど，振動エネルギーが大きなり，緩和時間は小さくなる．
m^* は電子，または正孔の有効質量である．この式からわかるように，移動度
は緩和時間が大きいほど，また有効質量が小さいほど大きくなる．**図1.17**
（a），（b）は，Siの電子，正孔の移動度と不純物濃度の関係，およびSi中の
正孔の移動度と温度の関係を表したものである．不純物濃度が 10^{17} 〜
$10^{19}\,\mathrm{cm}^{-3}$ の範囲が移動度への影響は大きく，不純物濃度が大きくなるに従い
移動度は小さくなる．高温になるほど，また低温になるほど，移動度は小さく
なる．低温側において移動度が小さくなるのは，不純物イオンとの衝突（不純
物散乱）の効果が現れることにより，高温側においては格子振動が活発になる
ことによる散乱（フォノン散乱）による．ここで，不純物イオンとの相互作用で

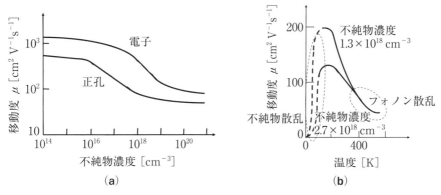

図 1.17 移動度に影響を及ぼす因子.(a)Si の電子,正孔の移動度と不純物濃度の関係,(b)Si 中の正孔の移動度と温度の関係.

決まる移動度を μ_i,格子振動により決まる移動度を μ_p とすると,両方の効果を取り入れた移動度は式(1.54)で表される.

$$\frac{1}{\mu} = \frac{1}{\mu_i} + \frac{1}{\mu_p} \qquad (1.54)$$

次に半導体の電気伝導の中でも重要な少数キャリヤ連続の式について説明する.今,Δx 幅の領域に電子流を生じ,同時にその領域でキャリヤの生成,消滅が起こる場合を考える.単位時間,単位体積当たりの生成速度を g,消滅速度を r とすると,式(1.55)が成り立つ.

$$\frac{dn}{dt} = g - r + \frac{dJ}{dx} \qquad (1.55)$$

J は電子濃度の勾配による拡散電流と電界によるドリフト電流からなる.故に,J は式(1.56)で表される.

$$J = ne\mu_e |\boldsymbol{E}| + eD_e \frac{dn}{dx} \qquad (1.56)$$

なお,n,e,μ_e,$\boldsymbol{E}$,D_e は,各々,電子濃度,素電荷,電子移動度,電界,

電子の拡散係数を表す．式(1.55)，(1.56)より，式(1.57)が導かれる．

$$\frac{dn}{dt} = |\boldsymbol{E}|\mu_{\mathrm{e}}\frac{dn}{dx} + D_{\mathrm{e}}\frac{d^2n}{dx^2} + g - r \tag{1.57}$$

熱平衡では $dn/dt = 0$，かつ電子の寿命を τ_{e} とすると，$r = n/\tau_{\mathrm{e}}$ となり，$g = n_{\mathrm{p0}}/\tau_{\mathrm{e}}$ となるので，$g - r = (n_{\mathrm{p0}} - n)/\tau_{\mathrm{e}}$ となる．なお，生成，再結合が τ_{e} で表される理由は以下である．p 型半導体において，生成は価電子帯の電子が禁制帯の欠陥準位を介して伝導帯に励起される現象と考えることができ，生成速度 g に τ_{e} を乗じると平衡状態での少数キャリヤ濃度になる．再結合は逆の現象であり，伝導帯の電子が欠陥準位を介して，価電子帯の正孔と結合する現象と考えることができる．再結合速度 r に τ_{e} を乗じると電子濃度 n になる．故に，式(1.58)が導かれる．なお，n_{p0} は平衡状態での p 型半導体中の少数キャリヤ電子濃度である．

$$\frac{dn}{dt} = |\boldsymbol{E}|\mu_{\mathrm{e}}\frac{dn}{dx} + D_{\mathrm{e}}\frac{d^2n}{dx^2} - \frac{n - n_{\mathrm{p0}}}{\tau_{\mathrm{e}}} \tag{1.58}$$

ホールの場合も同様に求められる．

── one point 3　アインシュタインの式 ────────

　今，キャリヤ密度分布が2次元的に不均一な場合を考える．ドナー不純物が濃度勾配をもつ場合を考えると電界 $\boldsymbol{E}$ を生じるため，ドリフトによる電子流が流れる．さらに，電子密度差も生じるので拡散による電子流も生じる．しかし，熱平衡状態では電子流を生じない．式(1.56)において $J=0$ であるので，以下のようになる．

$$ne\mu_\mathrm{e}|\boldsymbol{E}| + eD_\mathrm{e}\frac{dn}{dx} = 0 \tag{1p.7}$$

ある位置のキャリヤ濃度 n_0 とそこから距離 x 離れた位置の濃度 $n(x)$ の間にはボルツマン分布により式(1p.8)のようになる．

$$n(x) = n_0 \exp\left(-\frac{e|\boldsymbol{E}|x}{k_\mathrm{B}T}\right) \tag{1p.8}$$

式(1p.7)，(1p.8)より，拡散係数と移動度の間には，**アインシュタインの関係式**(Einstein's relation)と呼ばれる，以下の関係が成立する．

$$\frac{D_\mathrm{e}}{k_\mathrm{B}T} = \frac{\mu_\mathrm{e}}{e} \tag{1p.9}$$

なお，正孔に関しても同様である．

$$\frac{D_\mathrm{h}}{k_\mathrm{B}T} = \frac{\mu_\mathrm{h}}{e} \tag{1p.10}$$

すなわち，単位濃度勾配中に存在する電子(正孔)が雰囲気から単位熱エネルギーをもらい移動する速度と，単位電界中に存在する電子(正孔)の単位電荷当たりの移動速度が等しいことを意味する．ドリフトと拡散は相補的な現象である．

　今，ある位置に密度 ρ_0 の電子集団が存在し，時間と共に拡散を生じ，拡散流とドリフト流を生じる場合を考える．**図1p.1** はその様子を示す．電子集団は球対称に拡散し，その半径 r での電荷密度は式(1p.11)で表される．

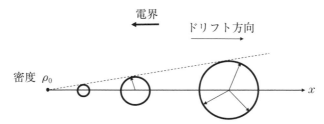

拡散方向（円の中心から半径方向への矢印）

図 1p. 1　拡散しながら電界に沿ってドリフトされる電子雲.

$$\rho(r,t) = \frac{\rho_0}{(D_e \pi t)^{3/2}} \exp\left(-\frac{r^2}{4D_e t}\right) \tag{1p.11}$$

電荷密度が最初の密度 ρ_0 の 10% になる位置を拡散の端（半径 R）と定義すると，$\rho(R,t) = 0.1\rho(0,t)$ となり，半径 R が求まる.

$$R = (9.2 D_e t)^{1/2} \tag{1p.12}$$

式（1p.12）にアインシュタインの関係式を代入すると式（1p.13）になる.

$$R = \left(\frac{9.2 k_B T \mu_e t}{e}\right)^{1/2} \tag{1p.13}$$

球状電子集団の中心の電圧を V とすると，ドリフト流が生じており，始点から電子集団の中心までの距離を x とすると，$x = \mu_e|\boldsymbol{E}|t = \mu_e(V/x)t$ となり，始点からの距離 x は式（1p.14）で表される.

$$x = (\mu_e V t)^{1/2} \tag{1p.14}$$

今，式（1p.13）で表される拡散の半径と，式（1p.14）で表されるドリフトの距離が等しい場合，電圧 V_c は $V_c = 9.2 k_B T/e$ となる. すなわち，電子が移動する場合にこの値より電圧が小さい場合は拡散が支配的であり，この値より大きくなればドリフトが支配的になる.

1-5 衝突散乱

3次元結晶に電界 E が印加された場合の電子の挙動を k 空間で考える.**図1.18** は電界のない場合と電界 E が印加された場合のフェルミ球を表す.今,磁場がかかっていない場合,$-e$ をもつ電子に作用する力 F は式(1.59)で表される.なお,P は運動量であり,$P = \hbar k$ と表される.

$$F = dP/dt = \hbar d\boldsymbol{k}/dt = -e\boldsymbol{E} \tag{1.59}$$

電子が不純物,フォノンとの衝突を受けないと仮定すると,k 空間のフェルミ球は電界 E のため,一様にずれて図1.18のようになる.式(1.59)を $t = 0 \sim t$ で積分すると,式(1.60)のようになる.

$$\boldsymbol{k}(t) - \boldsymbol{k}(0) = -e\boldsymbol{E}t/\hbar \tag{1.60}$$

今,$k(0)$ は k 空間の原点なので,時刻 t におけるフェルミ球の中心は式(1.61)で表される.

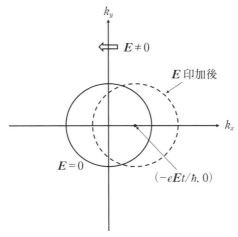

図1.18 電界のない場合と電界 E が印加された場合のフェルミ球.

$$\boldsymbol{k}(t) = -eEt/\hbar \qquad (1.61)$$

電子は結晶の中では不純物，フォノンと緩和時間 τ を経て衝突するので，フェルミ球のずれは定常的に式(1.62)の $\boldsymbol{\delta k}$ で表される．なお，衝突に関与する電子はフェルミ球表面近傍の電子である．

$$\boldsymbol{\delta k} = -eE\tau/\hbar \qquad (1.62)$$

ここで，$\boldsymbol{\delta P} = m\boldsymbol{\delta v} = \hbar\boldsymbol{\delta k}(\boldsymbol{P}：運動量，\boldsymbol{v}：速度)$であるので，$\boldsymbol{\delta v} = -eE\tau/m$ となり，単位体積当たりに電荷 $-e$ をもつ電子が n 個あるとすると，一様電場 $\boldsymbol{E}$ による電流密度 $\boldsymbol{J}$ は，式(1.63)の**オームの法則**で表される．σ は電気伝導率である．

$$\boldsymbol{J} = n(-e)\boldsymbol{\delta v} = ne^2E\tau/m = \sigma E \qquad (1.63)$$

金属における σ を考えると，雰囲気温度が低くなるに従い，フォノンの寄与が小さくなり，τ は大きく，すなわち σ も大きくなる．電気伝導率が大きくなるということは抵抗 ρ が小さくなることに対応し，抵抗成分を不純物による抵抗，すなわち周期配列の乱れによる電子波の抵抗 ρ_i とフォノンによる抵抗 ρ_l に分離すると，全抵抗 ρ は式(1.64)の**マティーセンの法則**(Matthiessen's rule)で表される．

$$\rho = \rho_i + \rho_l \qquad (1.64)$$

ρ_i は温度によらず一定，ρ_l は雰囲気温度が 0 K に近づくにつれ 0 に近づく．すなわち，$\rho_l(T \to 0) = 0$ となり，極低温においては不純物による残留抵抗が残る．

低温領域では電子の**反転散乱**(umklap scattering)が重要になる．**図1.19** は隣接するブリュアン帯のフェルミ面，および正常散乱，反転散乱を示したものである．正常な電子-格子衝突の場合は $\boldsymbol{k}_r = \boldsymbol{k}_i + \boldsymbol{q}$ である．$\boldsymbol{k}_r$，$\boldsymbol{k}_i$，$\boldsymbol{q}$ は，各々，反射波動ベクトル，入射波動ベクトル，フォノン波動ベクトルを示す．ところが，強い散乱の場合は $\boldsymbol{k}_r = \boldsymbol{k}_i + \boldsymbol{q} + \boldsymbol{G}$ のように逆格子ベクトル $\boldsymbol{G}$ が関

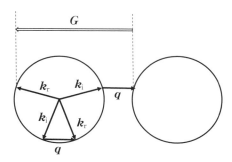

図 1.19　隣接するブリュアン帯のフェルミ面，および正常散乱，反転散乱.

与する．正常散乱の場合は k_r と k_i のなす角度は小さいが，反転散乱の場合は k_r と k_i のなす角度は π に近くなり，強い散乱になることがわかる．

　なお，電気抵抗のような，エネルギー散逸が関与するキャリヤ輸送現象においては，不純物原子による電子散乱の効果を取り込む必要があり，**ボルツマン**（Boltzmann）**方程式**での検討が必要となる．以下に概説する．

　粒子の分布関数は，時間 t，位置 r，速度 v の関数であり，衝突がなければ微小変化後の関数に変化はなく，式(1.65)で表される．

$$f(t+dt, r+dr, v+dv) = f(t, r, v) \qquad (1.65)$$

衝突（collision）が存在すると式(1.66)のようになる．右辺は衝突項である．

$$f(t+dt, r+dr, v+dv) - f(t, r, v) = dt(\partial f / \partial t)_{\mathrm{coll}} \qquad (1.66)$$

式(1.66)を変形して，式(1.67)で表されるボルツマン方程式が導かれる．

$$\partial f / \partial t + v \partial f / \partial r + a \partial f / \partial v = (\partial f / \partial t)_{\mathrm{coll}} \qquad (1.67)$$

なお，v，a は，各々，速度，加速度を表す．

　さらに，右辺の衝突項に緩和時間 τ を入れることにより，ボルツマン方程式は式(1.68)で表される．

$$\partial f / \partial t + v \partial f / \partial r + a \partial f / \partial v = -(f - f_0)/\tau \qquad (1.68)$$

　衝突散乱による分布関数の変化を考える．ボルツマン方程式を波数 k，位置 r で表示する．今，入射波 $\boldsymbol{k}_\mathrm{i}$ が散乱されて反射波 $\boldsymbol{k}_\mathrm{r}$ になる確率を P_ir とすると，P_ir は状態 $\boldsymbol{k}_\mathrm{i}$ から状態 $\boldsymbol{k}_\mathrm{r}$ への遷移確率（フェルミの黄金律）になる．時間 Δt の間に状態 $\boldsymbol{k}_\mathrm{i}$ にあった電子が他の状態に遷移するために生じる分布関数の変化 $\Delta f(k,r)$ は，パウリの排他律を考慮して，遷移する先の状態 $\boldsymbol{k}_\mathrm{r}$ が空である確率 $\{1-f(\boldsymbol{k}_\mathrm{r},r)\}$，衝突に寄与する粒子数 N_kr との積になり，式(1.69)で表される．

$$\Delta f(k,r)=\int N_\mathrm{kr}P_\mathrm{ir}f(\boldsymbol{k}_\mathrm{i},r)\{1-f(\boldsymbol{k}_\mathrm{r},r)\}dkr\Delta t \qquad (1.69)$$

逆に，状態 $\boldsymbol{k}_\mathrm{r}$ から状態 $\boldsymbol{k}_\mathrm{i}$ への遷移による分布関数の変化も同様になる．

　ここで，熱平衡，かつ簡単のため弾性散乱の場合を仮定すると，散乱項は式(1.70)で表される．

$$(\partial f/\partial t)_\mathrm{coll}=\int N_\mathrm{kr}P_\mathrm{ir}\{f(\boldsymbol{k}_\mathrm{i},r)-f(\boldsymbol{k}_\mathrm{r},r)\}dkr \qquad (1.70)$$

さらに，式(1.68)の緩和時間を入れると，詳細は他書にゆずるが遷移確率と散乱の緩和時間との間に，式(1.71)で表される関係が求められる．

$$1/\tau=\int N_\mathrm{kr}P_\mathrm{ir}(1-\cos\theta)dkr \qquad (1.71)$$

なお，ここで θ は，入射波 $\boldsymbol{k}_\mathrm{i}$ と反射波 $\boldsymbol{k}_\mathrm{r}$ のなす角度になる．

1-6 正孔と正孔バンド

　完全に満ちたバンドの中に生じた空の軌道は，半導体においては極めて重要である．これを正孔（ホール）と呼んでおり，半導体に電場や磁場を印加した場合に，あたかも正電荷$(+e)$をもつように振る舞う．この理由について以下に考える．

　図1.20は直接遷移型のE-k分散曲線を示す．価電子帯のA点に存在する電子が照射された光から$h\nu$のエネルギーを得て，伝導帯のB点に励起され，価電子帯に1個の空のバンドを生じたと仮定する．完全に満ちたバンドの場合，電子の全波動ベクトルの総和は零，すなわち$\sum k = 0$が成立する．今，図1.20のようにA点の電子に相当する波数k_eが0になるので，$\sum k = k_C$となる．$k_C = -k_e$であり，C点はA点とE軸に対して対称な位置になる．すなわち，このC点の波数がホールに帰することになる．ホールの波数をk_hとすると式(1.72)の関係が成立する．

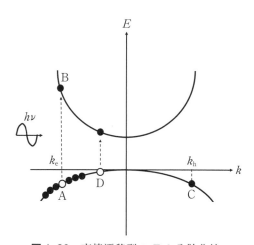

図1.20 直接遷移型のE-k分散曲線.

$$k_h = -k_e \tag{1.72}$$

電子の抜け穴が正孔ではあるが，この式でわかるように，正孔の波数は空バンドと E 軸に対して対称な位置にあることになる．

　次に，A 点よりも価電子帯の頂上に近い D 点の電子を伝導帯に励起すると仮定する．A 点から励起するよりは D 点から励起する方が小さいエネルギーで済む．すなわち，そのエネルギーが正孔を作る，または正孔がもつエネルギーになり，A 点に関わる正孔のエネルギーの方が D 点に関わる正孔のエネルギーよりも大きい．

　故に，正孔のエネルギーは電子のエネルギーと正負逆になり，式(1.73)の関係が成立する．

$$E_h(k_h) = -E_e(k_e) \tag{1.73}$$

式(1.72)，(1.73)より正孔バンドが定義できる．**図1.21** は正孔バンドを示しており，k 軸の負から正方向に電界 **E** が印加されている．価電子帯の電子の抜け穴に対応して原点対象でホールが存在する．価電子帯の電子は矢印方向に移動するので，抜け穴も同じ方向に動く．原点対称であることから正孔バンドの正孔は電子と逆向きの矢印方向に動き，電界の向きに対応している．

　デバイスの動作に関与する電子の多くが，バンドが極値をとる部分の近傍で

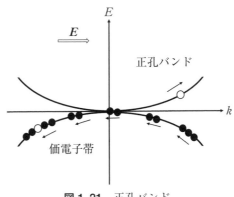

図1.21　正孔バンド.

あると仮定する．有効質量は d^2E/dk^2 に逆比例しており，図 1.21 より電子の有効質量は負，正孔の有効質量は正の値を示し，$m_e = -m_h$ となる．また，キャリヤ速度は $(1/\hbar)dE/dk$ で表されることから，$v_e = v_h$ となる．半導体に電場，磁場を印加したときの電子の運動方程式は式(1.74)で表される．

$$\hbar d\boldsymbol{k}_e/dt = -e(\boldsymbol{E} + (1/c)\boldsymbol{v}_e \times \boldsymbol{B}) \tag{1.74}$$

式(1.74)において，式(1.72)と速度の置き換えをすると，正孔に関する運動方程式が導かれる．

1-7 pn 接合

　アクセプタ濃度が N_a の p 型半導体とドナー濃度が N_d の n 型半導体を原子レベルで接合(pn 接合)すると，その瞬間には正孔濃度，電子濃度は各々，接合界面を境にして階段型濃度プロファイルを示す．時間の経過と共に，p 型半導体中の正孔は界面を通り n 型半導体中へ拡散し，また n 型半導体中の電子も界面を通り p 型半導体中へ拡散し，正孔は n 型半導体中の電子と，また電子は p 型半導体中の正孔と再結合して消滅する．pn 接合界面には，キャリヤ濃度の非常に小さな領域が形成され始める．一方，この相互拡散により p 型半導体と n 型半導体のフェルミエネルギーは近づき，フェルミエネルギーが一致したとき拡散は停止する．この理由は，熱平衡下では統計力学の原理が示すところの，ある 1 つの系の**化学ポテンシャル**(chemical potential)は一定になるということに基因する．**図 1.22**(a)，(b)は，平衡状態における pn 接合のエネルギー帯構造およびキャリヤ濃度分布を示す．接合界面の両側に両キャリヤのほとんど存在しない領域ができる．この領域を**空乏層**(depletion layer)，または存在する電荷が p 型半導体では負のアクセプタイオン，n 型半導体では正のドナーイオンであることから，**空間電荷領域**(space charge layer)とも呼ぶ．ところで，両半導体のエネルギー帯には $V_d = (E_{fn} - E_{fp})/e$ で表される電位を生じる．この電位を**拡散電位**(diffusion potential)，または**内蔵電位**(built-in potential)と呼ぶ．拡散電位の言葉の意味は以下の通りである．n 型半導体側の空乏層のドナーイオンは正イオン，p 型半導体側の空乏層のアクセプタイオンは負イオンであり，空乏層の中にドナーイオンからアクセプタイオンに向かう電界を生じる．この電界はキャリヤの相互拡散を抑止するように働く．また，相互拡散したキャリヤが再結合して，空乏層が広がるに従い電界も増加する．そして，$E_{fn} - E_{fp}$ のポテンシャル差になると，各半導体中の多数キャリヤが，隣接する半導体へもはや拡散できなくなる．相互拡散を抑止するところにこの語源がある．

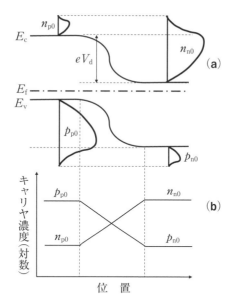

図1.22 平衡状態下における pn 接合. (a)エネルギー帯構造, (b)キャリヤ濃度分布.

それでは, この拡散電位 V_d がどのように表されるかを以下に示す. p 型半導体の少数キャリヤ n_{p0} と n 型半導体の多数キャリヤ n_{n0} の間には, ボルツマン分布から, 式(1.75)の関係が成立する.

$$n_{p0} = n_{n0} \exp\left(\frac{-eV_d}{k_B T}\right) \qquad (1.75)$$

ここで, $n_{n0} = N_d$, $n_{p0} p_{p0} = n_i^2$, $p_{p0} = N_a$ を式(1.75)に代入すると, V_d は一般に式(1.76)のように表される.

$$V_d = \left(\frac{k_B T}{e}\right) \ln\left(\frac{N_a N_d}{n_i^2}\right) \qquad (1.76)$$

次に, pn 接合界面近傍が**階段接合**(step junction)になっているとき, 電界分布, 電位分布がどのようになるかをポアッソンの式を解くことにより調べる.

pn 接合の界面を原点にとり p 型中性領域と空乏層の界面座標を $-X_a$, n 型中性領域と空乏層の界面座標を X_d とする.

（Ⅰ）　電界分布（$dE/dx = \rho/\varepsilon$）

被積分範囲が p 型半導体の空乏層内, すなわち $-X_a \leq X \leq 0$ の場合, 式（1.77）の積分を行うと, 任意点における電界は式（1.78）で表される. ここで, 電荷密度は $\rho = -eN_a$ で表される.

$$\int_{-X_a}^{X} dE = \int_{-X_a}^{X} \frac{\rho}{\varepsilon} dx \tag{1.77}$$

$$E(x) = -\frac{eN_a}{\varepsilon}(X + X_a) \tag{1.78}$$

n 型半導体の空乏層内, すなわち $0 \leq X \leq X_d$ の場合, 式（1.79）の積分を行うと, 任意点における電界は式（1.80）で表される. なお, ここで, 空乏層の電荷中性条件, $N_a X_a = N_d X_d$ を用いた.

$$\int_{-X_a}^{0} dE + \int_{0}^{X} dE = \int_{-X_a}^{0} \left(\frac{-eN_a}{\varepsilon}\right) dx + \int_{0}^{X} \left(\frac{eN_d}{\varepsilon}\right) dx \tag{1.79}$$

$$E(x) = \frac{eN_d}{\varepsilon}(X - X_d) \tag{1.80}$$

（Ⅱ）　電位分布（$dV/dx = -E$）

被積分範囲が p 型半導体の空乏層内, すなわち $-X_a \leq X \leq 0$ の場合, 電界分布を求めた場合と同様の方法で任意点における電位は式（1.81）で表される.

$$V(x) = \frac{eN_a}{2\varepsilon}(X + X_a)^2 \tag{1.81}$$

n 型半導体の空乏層内, すなわち $0 \leq X \leq X_d$ の場合, 同様に任意点における電位は式（1.82）で表される.

$$V(x) = \frac{-eN_{\mathrm{d}}}{2\varepsilon}(X - X_{\mathrm{d}})^2 + \frac{eN_{\mathrm{d}}X_{\mathrm{d}}}{2\varepsilon}(X_{\mathrm{a}} + X_{\mathrm{d}}) \tag{1.82}$$

式(1.78)，(1.80)より，電界は接合界面において最大値を示すことがわかる．以上より，空乏層幅 W は電荷中性条件，式(1.82)から式(1.83)のように表される．

$$W = \sqrt{\frac{2\varepsilon V_{\mathrm{d}}}{e}\left(\frac{1}{N_{\mathrm{d}}} + \frac{1}{N_{\mathrm{a}}}\right)} \tag{1.83}$$

この式から空乏層幅は，両半導体にオーダー上の差があるとき，小さい方の濃度で決定されることがわかる．

　これまでの議論は pn 接合に電圧を印加しない場合であるが，電圧印加の場合に空乏層幅がどう変化するかを調べる．n 型半導体に対して p 型半導体に正電圧を印加すると，n 型半導体中の電子は p 型半導体側に引き寄せられ，p 型半導体中の正孔は n 型半導体側に引き寄せられ空乏層幅は狭くなる．この状態を**順方向バイアス**(forward bias)と呼ぶ．逆に，n 型半導体に対して p 型半導体に負電圧を印加すると空乏層幅は広くなる．この状態を**逆方向バイアス**(reverse bias)と呼ぶ．空乏層幅は式(1.83)より，式(1.84)のように表される．

$$W = \sqrt{\frac{2\varepsilon(V_{\mathrm{d}} + V)}{e}\left(\frac{1}{N_{\mathrm{d}}} + \frac{1}{N_{\mathrm{a}}}\right)} \tag{1.84}$$

式(1.84)において，V は順方向バイアスの場合に負，逆方向バイアスの場合に正となる．極性の異なる電圧を印加すると，空乏層幅が変化するということは，pn 接合が容量として作用することを示している．この容量を，**接合容量**(junction capacitor)と呼ぶ．

1-8 トンネル効果

最初に障壁を挟む場合のトンネル電流について考察する. **図1.23**(a),
(b)は, 各々, 両電極間に電圧 V_a が印加された場合の **MIM**(metal-insulator-
metal)**構造**のエネルギー帯図, およびフェルミエネルギー表面を示す. 左右の
電極のフェルミエネルギーを, 各々, $E_{F,L}$, $E_{F,R}$ で表し, eV_a は電極間ポテ
ンシャルを表す. ここで, 透過率に **WKB**(Wentzel, Kramers, Brillouin)**近似**
(付録7参照)を使用し, トンネル電子に関しては, 全エネルギー保存と横方向
運動量の保存を仮定する. 左電極から右電極に流れる電流 $J_{L \to R}$ は式(1.85)に
より表される.

$$J_{L \to R} = e \times N_{L \to R}$$
$$= e \times \int Z(E)\,dE \times f(E) \times v_Z \times T(k_Z) \qquad (1.85)$$

ここで, $N_{L \to R}$, $Z(E)\,dE$, $f(E)$, v_Z, $T(k_Z)$ は, 各々, 左電極から右電極
にトンネルする電子数, $E \sim (E + dE)$ の状態数, フェルミ-ディラックの分
布関数, Z 方向の電子の速度, 電子の障壁トンネル確率を表す. 同様に右電極

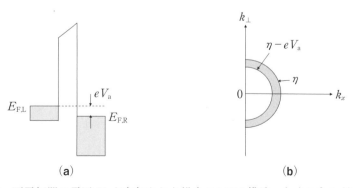

(a) (b)

図1.23 両電極間に電圧 V_a が印加された場合の MIM 構造. (a)エネルギー帯図,
(b)フェルミエネルギー表面.

から左電極に流れる電流 $J_{R \to L}$ は，式(1.86)により表される．

$$J_{R \to L} = e \times N_{R \to L}$$
$$= e \times \int Z(E)\,dE \times f(E + eV_a) \times v_z \times T(k_z) \tag{1.86}$$

両電極の等エネルギーにある電子から眺めた障壁形状は同じであるので，透過率は $T(k_z)$ になる．真のトンネル電流 J_T は $(J_{L \to R} - J_{R \to L})$ で表される．

また，状態密度と波数の関係が式(1.87)，Z 方向運動エネルギーが式(1.88)で表される．

$$Z(E)\,dE = \frac{2}{L^3} \iiint dn_x\,dn_y\,dn_z$$
$$= \frac{2}{(2\pi)^3} \int d^3k \tag{1.87}$$

$$E_z = \frac{(\hbar k_z)^2}{2m} \tag{1.88}$$

式(1.85)～(1.88)より，J_T は式(1.89)のようになる．

$$J_T = \frac{2e}{h} \int T(E_z, k_\perp)\,dE_z \int [f_R(E) - f_L(E + eV_a)] \frac{d^2 k_\perp}{(2\pi)^2} \tag{1.89}$$

　この式の意味を説明する．左電極と障壁との界面に到達する電子の速度 v はトンネル方向を z 軸にとれば，$v = v_x + v_y + v_z$ で表される．それに対応して電子のエネルギー E も $E = E_x + E_y + E_z$ で表される．式(1.89)の右辺第1項目の積分は電子が障壁を透過する確率を電子の z 方向のエネルギーに関し $E_z = 0 \sim E_{\max}$ において積分した値である．$E_{\max}$ は左電極中の電子の最大エネルギーである．右辺第2項目の積分は左右両電極を運動する等エネルギー位置にある電子のフェルミ-ディラックの分布関数差に関し，電子のトンネル方向に垂直な方向に積分した値であり，図1.23(b)の薄い網掛け部分の電子量に相当する．なお，η は左電極の金属のフェルミエネルギーを表す．

── one point 4　直接遷移と間接遷移 ──

　電子と正孔が再結合するとき，その前後において，運動量保存則，エネルギー保存則が成立していなければならない．今，バンドギャップ E_g を介して，伝導帯端にある電子と価電子帯端にある正孔が再結合し，もっているエネルギーが全て光に変換される場合を考える．電子の運動量を P_e，正孔の運動量を P_h，光子の運動量を P_{photo}，正孔の運動エネルギーを 0 として電子のエネルギーを E_g，また光子のエネルギーを $h\nu$ とする．運動量保存則，エネルギー保存則は，各々，次式のように表される．

$$P_e + P_h = P_{photo} \tag{p1.15}$$

$$E_g = h\nu \tag{p1.16}$$

ここで，$P = \hbar k = h/\lambda$ であり，電子，正孔の場合の波長 λ はほぼ格子間隔程度と見てよいが，光子の場合は可視光領域で波長は 400〜800 nm 程度であるので，式(p1.15)の右辺の光子の運動量は無視される．式(p1.15)は，次式のようになる．

$$P_e + P_h = 0 \tag{p1.17}$$

式(p1.16)，(p1.17)を満足するエネルギーと運動量の関係は以下のようになる．伝導帯に存在する電子のエネルギー最低点，および価電子帯に存在する正孔のエネルギー最低点はいずれも Γ 点に存在しており，電子，正孔の再結合前後において運動量の総和は 0 であり式(p1.17)は成立する．また，最低点に存在する電子，正孔の再結合によりバンドギャップに相当するエネルギーをもつ光子を放出するので式(p1.16)も成立する．このように電子と正孔の最低エネルギーの運動量が等しい場合は，光子の放出，吸収のみを伴い遷移を生じる．このような遷移を**直接遷移**(direct transition)と呼んでおり，GaAs，InP 等がこれに相当する．

　一方，伝導帯電子のエネルギー最低点と価電子帯正孔のエネルギー最低点の運動量が異なる場合，光子の放出，吸収のみでは運動量保存則は説明できない．この場合，格子の熱振動，すなわち**フォノン**(phonon)の寄与を考慮する必要がある．フォノンの運動量，エネルギーを，各々，P_{phono}，E_{phono} とすると，運動量保存則，エネルギー保存則は，各々，次式のように表される．

$$P_e + P_h = P_{phono} \tag{p1.18}$$

$$E_g = h\nu \pm E_{\text{phono}} \qquad (\text{p}1.19)$$

このように電子，正孔の再結合に光子の放出，吸収のみならず，フォノンの放出，吸収を伴うものを**間接遷移**(indirect transition)と呼ぶ．間接遷移を生じる半導体は Si，Ge 等がある．

このように GaAs 等の直接遷移型半導体では発光遷移において，運動量保存則が自然に満足されるため，電子と正孔の再結合の確率は大きい．他方，Si，Ge 等の間接遷移型半導体では発光遷移において，フォノンの放出，吸収を伴うため，電子と正孔の再結合の確率は小さい．これが，GaAs 等が発光素子として使用され，Si，Ge が使用されない理由である．ただし，これまでに Si，Ge の超格子を作製し，ブリュアン帯の折り返しにより，間接遷移半導体を直接遷移半導体にして発光遷移の確率を大きくすることが試みられた．

GaAs では近赤外領域の発光を得られるが可視領域の発光は得られない．そこで，ある直接遷移型のⅢ-Ⅴ族二元化合物半導体とそれより大きなバンドギャップをもつ間接遷移型のⅢ-Ⅴ族二元化合物半導体の固溶体により，元の化合物半導体よりも大きなバンドギャップをもつ直接遷移型のⅢ-Ⅴ族三元化合物半導体を作ることが行われた．この結晶は**混晶**(mixed crystal)と呼ばれており，佐々木昭夫博士により新たな学術領域として研究され命名された．次に，代表的な間接遷移型半導体の材料である GaP の発光について説明する．GaP に適当な不純物を入れると発光効率の高い結晶を得られる．例えば，不純物として燐原子 P と同族の窒素原子 N を入れると N は P を置換して中性原子になるのであるが，N の電気陰性度が P よりも大きく電子をトラップしやすい．この不純物原子はΓ点近傍に等価的な準位を作るので，この準位に励起された電子は正孔と再結合して，あたかも直接遷移型結晶のように振る舞う．電子がトラップされて位置の不確かさが小さくなると運動量の不確かさが大きくなり，フォノンの助けを借りることなくΓ点近傍に遷移可能となる，いわゆる，不確定性原理が働いていると考えられている．このように同族の不純物が作るトラップを**アイソエレクトロニックトラップ**(isoelectronic trap)と呼ぶ．

1　引用文献

[1]　A. S. Grove : Physics and Technology of Semiconductor Devices, John Wiley & Sons (1967)

[2]　青木昌治：応用物性論，朝倉書店 (1969)

[3]　チャールズ・キッテル著，山下次郎，福地充共訳：熱物理学 (第 4 版)，丸善 (1971)

[4]　チャールズ・キッテル著，宇野良清，津屋昇，森田章，山下次郎共訳：固体物理学入門 (上，下) (第 7 版)，丸善 (1999)

[5]　原留美吉：半導体物性工学の基礎，工業調査会 (1967)

[6]　佐々木昭夫編著：現代量子力学の基礎，オーム社 (1985)

[7]　松尾直人：半導体デバイス-動作原理に基づいて-，コロナ社 (2000)

[8]　N. Matsuo, T. Miura, A. Urakami, and T. Miyoshi : Analysis of Direct Tunneling for Thin SiO_2 Film, Jpn. J. Appl. Phys. **38**, pp. 3967-3971 (1999)

2 材料と半導体デバイス

　無機半導体材料の応用は大きく区分すると，コンピュータのマイクロプロセッサやメモリ，ディスプレイの画素スイッチングトランジスタ，周辺素子といった省電力デバイス，および自動車，電車等に応用される大電力用デバイスに分類される．Ge，Si のⅣ族元素半導体薄膜は前者に属し，GaAs，GaN，SiC 半導体薄膜は後者に属する．本編においてはまず Ge によるトランジスタ発明の経緯，トランジスタの基本的な動作原理，Si 集積回路に至る過程について説明し，Si ダイオード，バイポーラトランジスタ，MOSFET 等の馴染み深いデバイス以外に，ヘテロバイポーラトランジスタ，歪み MOSFET，薄膜トランジスタ，SOI MOSFET，単一電子トランジスタ，集積回路，フラッシュメモリを取り上げる．大電力用デバイスとして GaAs，GaN，SiC 半導体薄膜とそれらを応用したパワートランジスタ特性について説明する．

　有機半導体材料の応用は省電力デバイスである．まず炭素系材料とそれを応用したトランジスタについて説明する．カーボンフラーレンが始まりであるが，ここでは，トランジスタ応用に関する研究・開発が頻繁になされている，カーボンナノチューブ，グラフェンを取り上げる．特にグラフェンは層状半導体であり，単層における相対論的な電子状態に対応する電気特性の観測，複層にすることによる禁制帯の導入等の研究開発がなされている．高速トランジスタへの期待から，数多くの発表があり，その中から二例を取り上げる．

　さらにペンタセン薄膜と DNA 薄膜，およびそれらを応用したトランジスタを取り上げる．なお，いずれの膜も半導体と仮定しており，すなわち禁制帯を介したキャリヤのやり取りを検討する．

　最後に，半導体材料という点では異なるのであるが，近年，巨大磁気抵抗効果，トンネル磁気抵抗効果という興味深い現象が発見されている Fe，Co，Ni 等の強磁性材料を取り上げる．トンネル磁気抵抗効果を応用した MRAM，さらには，電界効果でスピン流を制御するスピントランジスタも取り上げる．

2-1 Ⅳ族元素半導体とトランジスタ

　Ge，Si のⅣ族元素半導体薄膜とそれらを応用したダイオード，トランジスタ特性について説明する．Ⅳ族元素半導体ではまず Ge によるトランジスタ発明の経緯，トランジスタの基本的な動作原理，Si 集積回路に至る過程について説明し，Si ダイオード，バイポーラトランジスタ，MOSFET 等の馴染み深いデバイス以外に，ヘテロバイポーラトランジスタ，歪み MOS-FET，薄膜トランジスタ，SOI MOSFET，単一電子トランジスタ，集積回路，フラッシュメモリを取り上げる．

(1)　ゲルマニウム $(Ge:4s^2 4p^2)$

　世界最初のトランジスタは ATT ベル研究所のショックレー(Shockley)を中心とするバーディーン(Bardeen)，ブラッテン(Brattain)のグループによりⅣ族元素のゲルマニウム(Ge)を使って作製された．1947 年にバーディーン，ブラッテンは，**図 2.1(a)**に示すような**点接触トランジスタ**を発明した．Ge 基板表面に E，C で表示される 2 つの針電極を立て，裏面に B で表示される電極を形成する．B 電極から注入される正孔が E 電極から C 電極に向かう電子の流れを制御する構造である．点接触トランジスタは Ge 表面の状態，針の接触状態により特性が変動し，安定性が悪いことから，1948 年にショックレーは図 2.1(b)に示す**接合型トランジスタ**を発明した．接合部分を点接触から面接触にしたことと接合部を物性制御が難しい表面から半導体内部にしたことが大きな差であり，これらが安定性をもたらし，以降のトランジスタ開発の重要な指針になった．ショックレーは図 2.1(c)に示す成長接合型トランジスタを作製したが，後に，図 2.1(d)に示す合金接合型トランジスタが開発された．なお，トランジスタの動作原理に関しても，正孔の概念を導入して解明された．ここで，**図 2.2(a)**により原理的トランジスタの動作を説明する．半導体の直方体試片の上面に禁止帯幅より大きいエネルギー$(h\nu)$をもつ光が照射さ

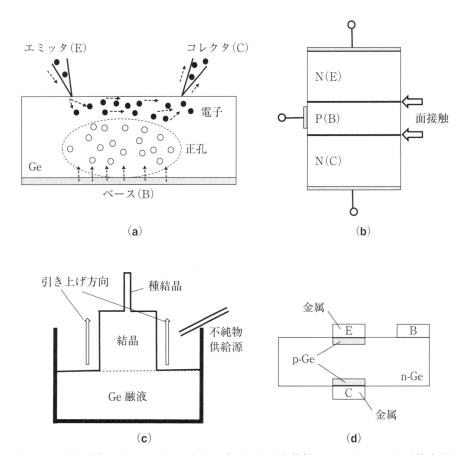

図2.1　世界最初のトランジスタとその変遷.（a）点接触トランジスタ，（b）接合型トランジスタ，（c）成長接合型トランジスタ，（d）合金接合型トランジスタ.

れると，表面近傍に正孔と電子が形成される．正孔の移動度が電子よりはるかに小さい場合を考えると，正孔は静止して電子のみが動くと考えてよい．半導体のソース（S），ドレイン（D）間に電圧を印加すると，電子はDに吸い込まれる．さらに，ソース，ドレイン間に，正孔の電界に引き寄せられて電子がS電極から注入される．これらの電子は電位差のあるD電極に引き寄せられて，基板表面近傍を走行する．走行している間に電子は正孔と再結合して消滅するものもある．消滅によりキャリヤ数が減少すると平衡状態が崩れ，**質量作用の**

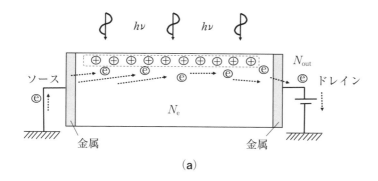

(a)

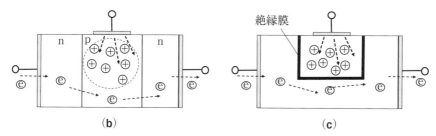

(b)   (c)

図 2.2 トランジスタの動作原理.（a）原理的トランジスタ,（b）原理的バイポーラ
トランジスタ,（c）原理的 MIS 型トランジスタ.

法則により平衡状態に近づくため，正孔は供給され，電子も S 電極から供給
される．D 電極から取り出される電子数 N_{out} は Ge 中で単位時間に生成され
る電子数 N_e により式(2.1)で表される(2-1 引用文献[9]参照).

$$N_{out} = N_e(\tau_e/t_r) \tag{2.1}$$

ここで，τ_e は電子の寿命，t_r は電子がチャネルを走行する時間である．
(τ_e/t_r) はトランジスタの利得に相当する．大きな利得を得るには電子の寿命
を長くするか，電極間の走行時間を短くするかである．キャリヤ寿命は材料に
依存しており，寿命の大きい材料を使用することである．走行時間を短くする
には電子移動度の大きい材料を使うかトランジスタのチャネル長を短くするこ
とである．重要な現象はチャネル領域における，正孔と電子の再結合である．
電子の寿命 τ_e が大きくなると，この効果は小さくなり，ソースから半導体へ

の注入電流の大部分がドレインへ流れる．換言すると，再結合電流をわずかに変化させることにより，コレクタ電流を大きく変化させることができる．すなわち，トランジスタ特性で最も重要な**増幅現象**を実現する．材料的には Ge の電子，正孔の移動度はそれぞれ 3900，1900 cm^2 V^{-1}s^{-1} であり，点接触トランジスタでは大きな増幅を確認している．原理的バイポーラトランジスタは図2.2(b)に示すように，電流の取り出しを効率的に行うため，正孔注入領域を p 型半導体として独立させた構造である．正孔と電子を空間的に分離した構造が図 2.2(c)に示す**原理的 MIS**(metal-insulator-semiconductor)**型トランジスタ**になる．さて接合型トランジスタの発明の後，ウエハの主表面に一括して不純物拡散，薄膜形成，リソグラフィー，エッチングを施す**プレーナテクノロジー**による平面構造のトランジスタが作製された．プレーナ型トランジスタは1957 年にテキサス・インスツルメンツ社のジャック・キルビー(Kilby)，また1959 年にフェアチャイルド社のロバート・ノイス(Noice)により発明されており，彼等の特許は**集積回路**(integrated circuit : IC)の基本特許として扱われた．なお，IC として発展したのは Ge ではなく Si である．**図 2.3** に p 型半導体基板にプレーナテクノロジーにより作製された npn 型のバイポーラトランジスタの断面図を示す．この構造の第一の特徴は，エミッタ，ベース，コレクタは主表面に垂直にこの順序で重なっていることである．これは，不純物原子の選択拡散を繰り返し使い，コレクタ，ベース，エミッタの順序で作製する，プレーナプロセスの特徴を表している．第二は，エミッタ，ベース，コレクタの取り出し電極に対応する E，B，C が，ウエハの主表面に作製されていることである．取り出し電極では，配線であるアルミニウム(Al)が Si に接触する．

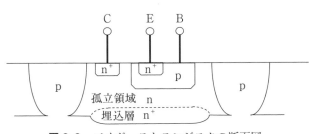

図 2.3　バイポーラトランジスタの断面図.

これも，プレーナ構造の特徴である．エミッタ，ベース，コレクタは電気的に絶縁された領域，すなわち**孤立領域**(isolation island)に作製される．孤立領域の周囲は p 型層に取り囲まれており，孤立領域と周囲の p 型層を逆バイアスすると，pn 接合の飽和電流しか素子領域には流れないので，隣接素子間を絶縁できることがわかる．エミッタは n^+ により形成されており，その面積は小さくなるように設計される．これは**エミッタ電流集中**(emiter current crowding)を生じないようにするためである．エミッタを作製するときに同時に，すなわち同じリソグラフィー工程によりコレクタ電極が形成される．コレクタ層の不純物濃度は，エミッタに比較すると 3-4 桁下がるので，引き出し電極部分をオーミック接触にするために，エミッタと同時に形成し n^+ にするのである．孤立領域の底に形成された n^+ による**埋込層**はコレクタ抵抗を下げるためである．エミッタ電流集中を説明する．ベース抵抗とベース電流による電圧降下のため，エミッタのエッジ部分のエミッタ・ベース間電圧が中央部分よりも大きくなり，エミッタ電流がエミッタのエッジ部分に集中する現象である．エミッタの面積を小さくすることにより，ほぼエミッタ全面を能動領域として動作させることができる．

近年，Si の微細化の困難さが増すに連れて，再び Ge が脚光を浴びている．しかし，Ge の地球上での埋蔵量が Si に比べ非常に少ないことから，Ge が Si 基板に置き換わるという意味ではなく，Si の微細化で実現不可能な部分を Ge で実現するという意味である．付録に記載したが，Ge の物性で Si より優れている点はキャリヤ移動度，比誘電率である．

(2) シリコン $(Si : 3s^2 3p^2)$

本節ではシリコンデバイスとして代表的な，pn 接合ダイオード，ショットキーダイオード，バイポーラトランジスタ，MOS トランジスタ，単一電子トランジスタ，集積回路，フラッシュメモリを取り上げて説明する．

(2)-1 pn 接合ダイオードとショットキーダイオード

pn 接合の整流特性について説明する．**図 2.4**(a)，(b)は，各々，順・逆

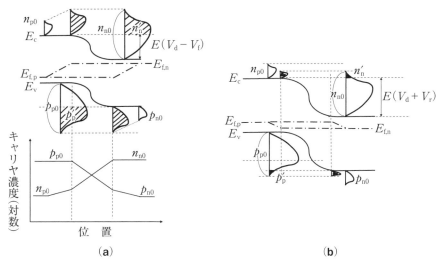

図 2.4　非平衡状態下における pn 接合．（a）順方向バイアス，（b）逆方向バイア
ス．

方向バイアス状態のエネルギー帯図とキャリヤ濃度分布を表したものである．
V_f，V_r は，各々，順・逆方向バイアスの印加電圧を示す．図 2.4（a）におい
て，n 型半導体の点線より上のエネルギーレベルにある電子密度 n_n' は，ボル
ツマン分布関数により式（2.2）のように表される．

$$n_n' = n_{p0} \exp(eV_f/k_B T) \qquad (2.2)$$

V_f の印加電圧により，$(n_n' - n_{p0})$ の電子が n 型半導体から p 型半導体に注入
される．そして，注入された少数キャリヤである電子は多数キャリヤの正孔と
再結合を繰り返し減少する．正孔に関しても同様のことが成立する．図におい
て $E_{f,n}$，$E_{f,p}$ は，**擬フェルミ準位**（quasi-Fermi level）を表す．なお，フェルミ
準位とは系が平衡な場合に定義される物性値であり，pn 接合に電圧が印加さ
れ，正孔と電子のやりとりがある場合には定義できない．そこで，系が非平衡
の場合に限り，擬フェルミ準位が定義される．

　逆方向バイアスの場合，p 型中性領域端の電子濃度 n_n' は式（2.3）で表され
る．

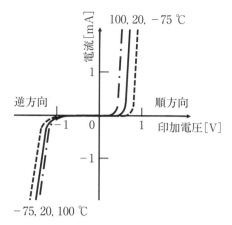

図2.5 pn接合ダイオードの電流-電圧特性の温度依存性(2-1引用文献[6]).

$$n'_n = n_{n0}\exp\left[\frac{-e(V_d + V_r)}{k_B T}\right] = n_{p0}\exp\left(\frac{-eV_r}{k_B T}\right) \tag{2.3}$$

n'_n が飽和電流を形成するものであり,非常に小さな値であることがわかる. ただし,式(2.3)でわかるように,飽和電流は温度が上昇するに従い増加する. **図2.5**に pn接合ダイオードの電流-電圧特性の温度依存性を示す.

　注入されたキャリヤの挙動を少数キャリヤ連続の式により説明する. p型半導体中に注入された電子は周りを正孔に囲まれ,電気力線は正孔・電子間で終端する. 正孔・電子間の距離は**デバイ長**(Debye length)程度になる. そのため,半導体に印加された電界による力は働かない. すなわち,ドリフト成分は考慮する必要がない. また,定常状態であることから $dn_p(x)/dt = 0$ が成立するので,少数キャリヤ連続の式は式(2.4)のように表される.

$$d^2 n_p(x)/dx^2 = (n_p(x) - n_{p0})/L_e^2 \tag{2.4}$$

ここで, $L_e(=\sqrt{D_e\tau_e})$ を少数キャリヤの**拡散距離**(diffusion length)と呼ぶ.

　通常のデバイスを考えた場合,pn接合の厚さ w は小さく,かつ pn接合の両端は配線用金属/半導体接合となっている. 金属を通してキャリヤは自由に

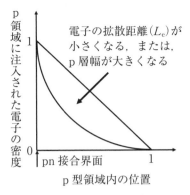

図 2.6 注入された電子の密度分布と距離の関係.

供給されて，金属/半導体界面は定常状態が保持されている．それゆえ，$n_p(w) = n_{p0}$，$n_p(0) = n'_n$ なる境界条件が成立する．この条件のもと，式(2.4)を解くと，式(2.5)のように表される．

$$n_p(x) - n_{p0} = (n'_n - n_{p0})[\sinh\{(w-x)/L_e\}/\sinh(w/L_e)] \qquad (2.5)$$

図 2.6 は，p 領域に注入された電子の密度分布と距離の関係を，拡散距離で基準化した p 型半導体の厚さをパラメータとして表したものである．$w \gg L_e$ の場合は，電子が p 型半導体を移動中に正孔と再結合を繰り返すため，電子の拡散速度はしだいに小さくなる．図では曲線で表される．他方，$w \ll L_e$ の場合は，電子は再結合することなく半導体端部に到達するため，電子の拡散速度はほぼ一定である．図では直線で表される．

ここで，任意位置における電流密度を求める．x における電子電流の密度 $J_e(x)$ は，式(2.6)のように表される．

$$
\begin{aligned}
J_e(x)/eD_e &= -(dn_p(x)/dx) \\
&= -\frac{(n'_n - n_{p0})}{2}\left[\frac{(-1/L_e)\exp\{(w-x)/L_e\} - (1/L_e)\exp\{-(w-x)/L_e\}}{\sinh(w/L_e)}\right] \\
&= \frac{n'_n - n_{p0}}{2L_e}\left[\frac{\exp\{(w-x)/L_e\} + \exp\{-(w-x)/L_e\}}{\sinh(w/L_e)}\right] \qquad (2.6)
\end{aligned}
$$

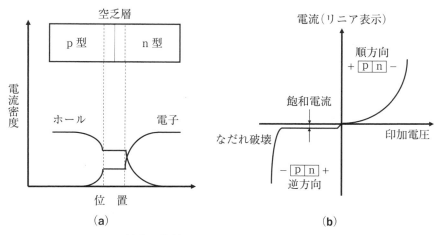

図 2.7 pn 接合の特性.（a）電流密度,（b）電流-電圧特性.

また, $x=0$ における電子電流密度 J_e およびホール電流密度 J_h は, 式(2.7)のように表される.

$$
\begin{aligned}
J_\mathrm{e} &= -eD_\mathrm{e}(dn_\mathrm{p}(x)/dx)|_{x=0} \\
&= eD_\mathrm{e}(n_\mathrm{p0}/L_\mathrm{e})\coth(w/L_\mathrm{e})\{\exp(eV_\mathrm{f}/k_\mathrm{B}T)-1\} \\
J_\mathrm{h} &= eD_\mathrm{h}(p_\mathrm{n0}/L_\mathrm{h})\coth(w/L_\mathrm{h})\{\exp(eV_\mathrm{f}/k_\mathrm{B}T)-1\}
\end{aligned} \tag{2.7}
$$

全電流密度 J は式(2.8)となる.

$$
\begin{aligned}
J &= \{(eD_\mathrm{e}n_\mathrm{p0}/L_\mathrm{e})\coth(w/L_\mathrm{e}) + (eD_\mathrm{h}p_\mathrm{n0}/L_\mathrm{h})\coth(w/L_\mathrm{h})\} \\
&\quad \times \{\exp(eV_\mathrm{f}/k_\mathrm{B}T)-1\}
\end{aligned} \tag{2.8}
$$

式(2.6),（2.8)より, pn 接合の各位置における電流密度, および電流-電圧特性は**図 2.7**（a）,（b）のようになる. 負電圧を大きくしていくと, 式(2.8)がもはや成立しなくなり, ある電圧で大電流を生じる. この現象を**降伏**(breakdown)と呼び, この電圧を**降伏電圧**(breakdown voltage)という. 降伏現象は半導体の不純物濃度により, メカニズムが異なり, $10^{16}\,\mathrm{cm}^{-3}$ 程度の濃度で生じる降伏を**なだれ破壊**(avalanche breakdown)と呼ぶ. 逆方向電圧が高くなり, 空乏層内の電子が, 結晶母体に衝突するまでに禁制帯幅 E_g 以上のエネル

ギーを得ると，原子に衝突したときに，電子・正孔対を形成する．この過程を繰り返すことにより破壊に至る．計算上，1個の電子が1組の電子・正孔対を作ると破壊を生じる．また，10^{17} cm^{-3} 程度の濃度で生じる降伏を**ツエナー破壊**(Zener breakdown)と呼ぶ．不純物濃度が大きくなると，空乏層の幅が狭くなり，空乏層内でキャリヤの加速が十分に行われないため，なだれ破壊は生じない．この場合，大きい逆方向電圧が印加されると，禁制帯幅が狭くなり，p領域の価電子帯の電子が量子力学的トンネル効果により禁制帯を通り抜け，伝導帯に到達する現象が起こる．

　今，$w \ll L_\mathrm{e}$ の場合に，電子がp型半導体を通過する時間，または走行時間 t は式(2.9)のようになる(式(2.7)より $J_\mathrm{e} = eD_\mathrm{e}(n_{\mathrm{p}0}/w)\{\exp(eV_\mathrm{f}/k_\mathrm{B}T) - 1\}$, $J_\mathrm{e} = e\{n_\mathrm{p}(x) - n_{\mathrm{p}0}\}v(x))$．

$$t = w^2/2D_\mathrm{e} \tag{2.9}$$

すなわち，p型半導体の幅が薄いほど，また電子の拡散係数が大きいほど，走行時間は小さくなる．

　それでは，次にp型半導体中に注入された，少数キャリヤである電子が正孔とどのように反応するかをもう少し微視的に考えてみる．図2.6に示したように，p型半導体の幅が薄いほど，電子と正孔の再結合の確率は小さくなるのであるが，幅が0でない限り，再結合を生じる．p型半導体中に入った電子は**寿命**(life time)を経過すると，正孔と再結合して消滅する．電子正孔対が消滅すると，質量作用の法則により平衡状態に戻ろうとする力が働くので，電子の消滅分を補償するために新たに過剰電子が供給される．この電子も正孔と再結合を起こし，この過程は印加電圧がある限り，永久に繰り返される．正孔に関しても同様のことが起こる．これが，直流ダイオードの動作原理である．

　図2.8に，Ge，Si，GaAs の pn 接合ダイオードの室温における順方向の電流-電圧特性を示す．バンドギャップの値が小さくなるに従い，順方向電流が大きくなる．すなわち，n型からp型半導体に注入される少数キャリヤである電子数 ($n'_\mathrm{n} - n_\mathrm{p}$) が大きくなる．p型からn型半導体に注入される少数キャリヤについても同様のことが成立する．Si，GaAs では，低印加電圧領域におい

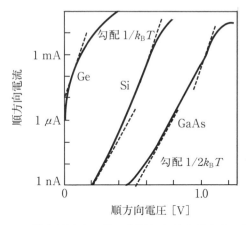

図 2.8　各半導体の pn 接合ダイオードの室温における順方向の電流-電圧特性(2-1 引用文献[5]).

て，電流は $\exp(eV_\mathrm{f}/2k_\mathrm{B}T)$ の形で表されており，pn 接合の空乏層での再結合電流が支配的であることを示す．他方，いずれの半導体においても高印加電圧領域で，電流は $\exp(eV_\mathrm{f}/k_\mathrm{B}T)$ の形で表されており，拡散電流が支配的であることがわかる．次に交流動作について説明する．pn 接合の等価回路では，空乏層がコンダクタンス g_d，接合容量 C_j，および拡散容量 C_d の並列接続により表される．順方向バイアスを与えた pn 接合ダイオードを急に逆方向バイアスに切り替えると，**少数キャリヤ蓄積効果**(storage effect of minority carrier)のため，一定時間の間かなりの大きさの逆電流を生じる．これは順方向電圧の間，それぞれの領域に注入され拡散容量を形成していた少数キャリヤが，逆方向電圧に切り替えられると元の領域に引き戻されるからで，そのときに飽和電流よりも大きい逆方向電流を形成する．回復時間を経過すると飽和電流が流れる．**図 2.9** はその様子を描いたものである．少数キャリヤ蓄積効果は交流動作，スイッチングに影響を与える．この効果を避けるためには，ショットキーダイオードのような多数キャリヤで動作させるデバイスを使用することである．

　金属と n 型半導体が接触する場合を考える．**図 2.10** は金属と n 型半導体接

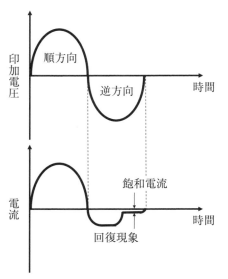

図 2.9   少数キャリヤ蓄積効果.

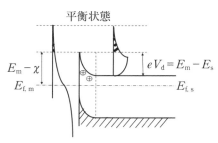

図 2.10   金属と n 型半導体接触後のエネルギー準位図.

触後のエネルギー準位図を示す.E_m, E_s は,各々,金属,半導体の**仕事関数**
(work function),χ は,**電子親和力**(electron affinity)を表しており,$E_m > E_s$
の関係が成立している.接触と同時に半導体側の界面近傍の電子はエネルギー
の低い金属側に移動するため,半導体側の界面近傍ではバンド曲がりを生じ,
正に帯電した空間電荷領域が形成される.この状態で半導体側の電子が金属側
に移動するには $eV_d (= E_m - E_s)$ 以上のエネルギーを必要とする.V_d,
$(E_m - \chi)$ を,各々,**拡散電位**(diffusion potential),**ショットキー障壁**

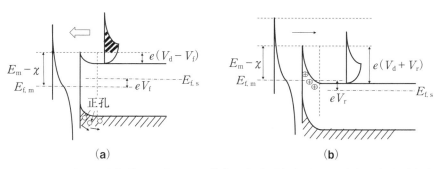

図2.11　バイアス印加後のエネルギー準位.（a）順方向電圧 V_f 印加,（b）逆方向電圧 V_r 印加.

(Schottky barrier)と呼ぶ. 今, 金属, 半導体に順逆方向電圧を印加した場合の動作を考える. **図2.11**（a）,（b）は, 各々, 順方向電圧 V_f, および逆方向電圧 V_r を印加した場合のエネルギー帯を示す. 順方向電圧を印加した場合, 半導体側の電子が金属側に移動するエネルギーは小さくなり $e(V_d - V_f)$ となり, 半導体側の電子は障壁を飛び越えやすくなる. 順方向電圧の場合の電流値 J_F は式（2.10）で表される.

$$J_F = AT^2 \exp(-e\phi_b/k_BT) \times \{\exp(eV_f/k_BT) - 1\} \qquad (2.10)$$

ここで, A は**リチャードソン-ダッシュマン定数**と呼ばれている. ϕ_b は $(E_m - \chi)$ に等しい. 少数キャリヤである正孔は金属側から半導体側へ図示のように移動し, その大きさは $eD_p p_{n0}/L_p$ で表され, 飽和電流程度である. 他方, 逆方向電圧を印加すると, このエネルギーは大きくなり $e(V_d + V_r)$ となり, 半導体側の電子は障壁を飛び越えにくくなる. 金属側の電子は順・逆いずれの場合も図の斜線を施した部分の電子のみが移動でき非常に小さな値となる. 以上より, $E_m \gg E_s$ の関係が成立している場合には, pn 接合と同様の整流特性を得ることができ, この特性を利用したダイオードを**ショットキーダイオード**(Schottky diode)と呼ぶ. **図2.12**は, ショットキーダイオードと pn 接合ダイオードの電流-電圧特性を示す. ショットキーダイオードは pn 接合ダイオードに比較して, 約 10^3 倍電流値が大きい. 金属と n 型半導体からなるショットキーダイオードでは, デバイス動作に関わるキャリヤが多数キャリヤ

━ one point 1　生成と再結合 ━

　実際の pn 接合においては，順方向バイアスでは印加電圧が小さい領域において式(2.8)で表される値よりも大きな電流が流れ，逆方向バイアスでも飽和電流値より大きな電流が流れる．順方向バイアスでは，中性領域から空乏層に入った正孔と電子が禁制帯に位置する欠陥準位で**再結合**(recombination)を生じ，キャリヤ密度が小さくなるため，質量作用の法則により両半導体から過剰なキャリヤ供給を生じ，電流密度が増加する．他方逆方向バイアスでは，空乏層における欠陥準位を介して，価電子帯の電子が伝導帯に励起され，正孔・電子ペアの**生成**(generation)により過剰電流成分が加わるからである．

　Si の場合，正孔と電子の直接的な再結合は生じにくく，欠陥準位を介しての再結合になる．例えば，中性の捕獲準位に電子がトラップされ負に帯電し，そこに正孔が引き寄せられて，トラップされて中性になるというようなプロセスである．ショックレー，リード，ホール(Shockley, Read, Hall)により提案された理論を説明する．禁制帯の捕獲準位(E_t)を介した正孔，電子の生成・再結合の素過程を示す．捕獲準位の濃度を N_t，捕獲準位における分布関数を f_t，電子濃度を n とすると，空中心に伝導体の電子が捕獲される速度は $R_1 = C_n n N_t (1 - f_t)$，伝導帯に電子を放出する速度は $R_2 = e_n N_t f_t$ と表される．C_n，e_n は，各々，捕獲中心に電子が捕獲される確率，捕獲中心に捕獲されている電子が伝導帯に放出される確率を示す．同様にして，価電子帯の正孔が捕獲される速度は $R_3 = C_p p N_t f_t$，荷電子帯に正孔を放出する速度は $R_4 = e_p N_t (1 - f_t)$ と表される．C_p，e_p は，各々，捕獲中心に正孔が捕獲される確率，捕獲中心に捕獲されている正孔が価電子帯に放出される確率を示す．熱平衡では $R_1 = R_2$，$R_3 = R_4$ が成立するので，e_n，e_p は，式(2p.1)，(2p.2)で表示される．

$$e_n = C_n n_i \exp\{(E_t - E_i)/k_B T\} \qquad (2p.1)$$

$$e_p = C_p n_i \exp\{(E_i - E_t)/k_B T\} \qquad (2p.2)$$

　外部から，電圧印加等によりエネルギーを加えた場合，再結合速度 U は $U = R_1 - R_2 = R_3 - R_4$ のようになり，この関係から f_t が式(2p.3)のように表される．ここで，$C_n = C_p = C$ と置いている．

$$f_t = [n + n_i \exp\{(E_i - E_t)/k_B T\}]/[n + p + 2n_i \cosh\{(E_t - E_i)/k_B T\}]$$

$$(2\mathrm{p}.3)$$

したがって，全体の再結合速度 U は式$(2\mathrm{p}.4)$のように表される．

$$
\begin{aligned}
U &= R_1 - R_2 \\
&= CN_\mathrm{t}(np - n_\mathrm{i}^2)/[n + p + 2n_\mathrm{i}\cosh\{(E_\mathrm{t} - E_\mathrm{i})/k_\mathrm{B}T\}]
\end{aligned}
\qquad (2\mathrm{p}.4)
$$

式$(2\mathrm{p}.4)$において，U が最大になるのは $E_\mathrm{t} = E_\mathrm{i}$ のとき，すなわち E_t が中心からずれると，片方のキャリヤを捕獲しにくくなるので，E_t は結合中心としての働きが小さくなる．式$(2\mathrm{p}.4)$の分母は簡単な微分により，$E_\mathrm{f,n} + E_\mathrm{f,p} = 2E_\mathrm{i}$，すなわち $n = p$ のとき，最小値をとり，U は最大になる．また，順方向バイアスでは $np \gg n_\mathrm{i}^2$ であることから，再結合速度 U は式$(2\mathrm{p}.5)$のように表される．

$$
\begin{aligned}
U &= CN_\mathrm{t}n_\mathrm{i}^2 \exp(eV/k_\mathrm{B}T)/2n_\mathrm{i}\exp(eV/2k_\mathrm{B}T) \\
&= (CN_\mathrm{t}n_\mathrm{i}/2)\exp(eV/2k_\mathrm{B}T)
\end{aligned}
\qquad (2\mathrm{p}.5)
$$

再結合電流 I_rec は U を空乏層幅 W にわたり積分すればよく，式$(2\mathrm{p}.6)$のように表される．

$$
I_\mathrm{rec} = (eWn_\mathrm{i}/2\tau_\mathrm{e})\exp(eV/2k_\mathrm{B}T)
\qquad (2\mathrm{p}.6)
$$

図 2.8 において，実際の順方向電流の低印加電圧領域では勾配が $e/2k_\mathrm{B}T$ になっている．次に生成電流であるが，逆方向バイアスにおいては，$np \ll n_\mathrm{i}^2$，すなわち $n < n_\mathrm{i}$，$p < n_\mathrm{i}$ となり，式$(2\mathrm{p}.5)$にこの条件を考慮すると，U は式$(2\mathrm{p}.7)$のように表される．

$$
\begin{aligned}
U &= -CN_\mathrm{t}n_\mathrm{i}/2 \\
&= -n_\mathrm{i}/2\tau_\mathrm{e}
\end{aligned}
\qquad (2\mathrm{p}.7)
$$

以上より，I_gen は式$(2\mathrm{p}.8)$のように表される．

$$
I_\mathrm{gen} = (eWn_\mathrm{i}/2\tau_\mathrm{e})
\qquad (2\mathrm{p}.8)
$$

高温になるに従い，キャリヤ寿命 τ_e は小さくなり，生成電流は大きくなる．図 2.5 に示すように実際の逆方向電流は飽和電流に生成電流を加えたものになる．

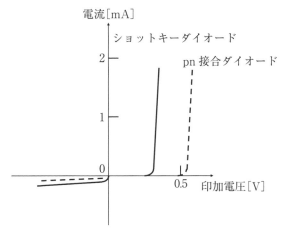

図 2.12　ショットキーダイオードと pn 接合ダイオードの電流-電圧特性.

である電子であることから，前述の少数キャリヤ蓄積効果が現れない．すなわちショットキーダイオードは pn 接合ダイオードよりも高速動作が可能となる．

(2)-2　バイポーラトランジスタとヘテロバイポーラトランジスタ

　電子と正孔の両方が動作に寄与するトランジスタを両極性，または**バイポーラ**（bipolar）**トランジスタ**と呼び，**図 2.13** は n^+pn 構造の場合を示す．**エミッタ**（emitter, E），**ベース**（base, B），**コレクタ**（collecter, C）から構成されており，エミッタとベース間は順バイアス，ベースとコレクタ間は逆バイアスを印加する．後述するが，エミッタの不純物濃度はベースの不純物濃度よりも大きくなっており n^+ になる．図中の I_{en}，I_{cn}，I_r，I_{ep}，I_{cp} は，各キャリヤの流れに対応する電流成分を示しており，各々，ベースからエミッタに注入される電子電流，コレクタからベースに注入される電子電流，ベースでの再結合電流，ベースからエミッタに注入される正孔電流，コレクタからベースに注入される正孔電流を表す．エミッタ電流を I_E，ベース電流を I_B，コレクタ電流を I_C とすると，式(2.11)の関係が成立する．

$$I_E = I_B + I_C \tag{2.11}$$

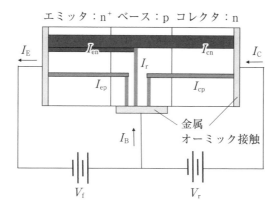

図 2.13　n^+pn バイポーラトランジスタ構造.

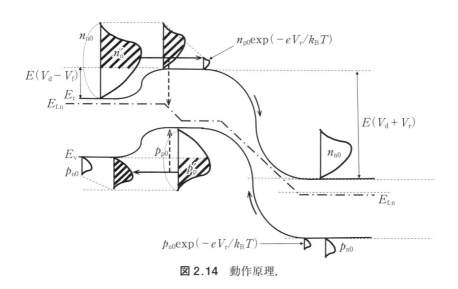

図 2.14　動作原理.

　図 2.14 に動作原理をエネルギー帯図により表す. エミッタ, ベース間は順方向バイアスのため, ベースには少数キャリヤである電子が注入される. エミッタ側の斜線で示す電子がベースに注入されるのであるが, ベース, コレクタ間が逆方向バイアスされているので, この界面では少数キャリヤである注入された電子密度は非常に小さくなる. ベースに注入された電子の一部はベース

領域の正孔と再結合を生じるのであるが(点線矢印),大部分の電子はベース,コレクタ界面に到達する.ベース,コレクタ間は逆バイアスであるので,この電子はコレクタに吸収される.エミッタ,ベース間が順バイアスのため,ベースからエミッタへの正孔電流を生じるが,この電流成分はエミッタからベースへの電子電流と比較して十分小さくする必要がある.そのためにエミッタとベースの不純物濃度には通常2桁程度の差がある.

エミッタ,ベース間が順バイアスであるので,わずかの電圧変化で,エミッタからコレクタへ流れる電流量を大きく変化させることができる.そして,ベース電流も変化するがその変化量は,コレクタへ吸収される電流量の変化に比べはるかに小さい.これがバイポーラトランジスタの動作原理であると共に,電流増幅に密接に関係する(付録8参照).

バイポーラトランジスタは通常4端子回路として使用するため,いずれかの端子を共通にする.**図2.15**(a),(b)は,各々,エミッタ電極を接地したエミッタ接地回路,およびベース電極を接地したベース接地回路を表す.エミッタ接地回路の電流増幅率βは$\beta = I_C / I_B$により,ベース接地回路の電流増幅率αは$\alpha = I_C / I_E$で定義される.αとβの関係は式(2.12)の関係で表される.

$$\alpha = \beta / (\beta + 1) \tag{2.12}$$

ベース接地の電流増幅率αは,式(2.13)に示すようにキャリヤのエミッタ注入効率とキャリヤのベース輸送効率の積で表される.

$$\alpha = I_C / I_E \fallingdotseq I_{cn} / I_E = (I_{en} / I_E) \times (I_{cn} / I_{en}) \tag{2.13}$$

式(2.13)の第1項目はエミッタ注入効率を表し,エミッタ電流中の電子電流が占める割合を表す.第2項目はベース輸送効率を表し,エミッタからベースに注入された電子のうち正孔との再結合を起こさないでコレクタまで到達できる電子の割合を表す.注入効率(γとする),輸送効率(δとする)は,各々,式(2.14),(2.15)に示すようになる(以下の議論は2-1引用文献[9]参照).

$$\gamma = 1 / \{1 + (\rho_E / \rho_B)(W_B / W_E)\} \tag{2.14}$$

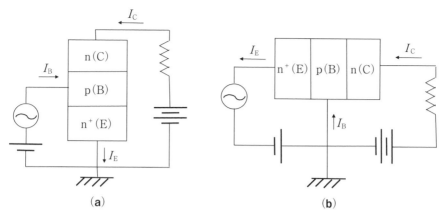

図2.15 バイポーラトランジスタの回路動作.（a）エミッタ接地回路,（b）ベース接地回路.

$$\delta \fallingdotseq 1 - (1/2)(W_B/L_e)^2 \tag{2.15}$$

結局, 電流増幅率 α は式(2.16)で表される.

$$\alpha = [1/\{1 + (\rho_E/\rho_B)(W_B/W_E)\}] \times [1 - (1/2)(W_B/L_e)^2] \tag{2.16}$$

ρ_E, ρ_B, W_E, W_B は, 各々, エミッタ抵抗, ベース抵抗, エミッタ層厚さ, およびベース層厚さである. ここで, α は1に非常に近い数であるので, $1/\beta \fallingdotseq 1 - \alpha$ となる. $\rho_E/\rho_B \ll 1$, $W_E/L_E \ll 1$ と仮定すると, $1/\beta$ は式(2.17)で表される.

$$1/\beta \fallingdotseq (\rho_E W_B/\rho_B W_E) + (W_B^2/2L_e^2) \tag{2.17}$$

エミッタ接地増幅率 β を大きくするためには, エミッタ濃度を大きく, ベース濃度を小さく, またベース幅も薄くすればよいことがわかる.

バイポーラトランジスタを高い周波数で動作させるためには, エミッタより注入されたキャリヤがコレクタに到達するまでの時間遅れ, または伝播遅延時間 (τ_{ec}) を小さくすることが必要である. **図2.16** に電流増幅率の高周波特性を示す. 高周波数になるほど, 電流増幅率が劣化するのは, エミッタより注入

されたキャリヤが周波数に追随できなくなるからである. トランジスタの高周波限界を表す周波数には, **遮断周波数**(f_T：cut off frequency)と**最大発振周波数**(f_{max}：maximum oscilalation frequency）がある. 遮断周波数は, 交流入出力電流が等しくなる周波数である. **図 2.17** は, エミッタ接地の微小信号モデルを表す. g_o, g_π は, 各々, 出力コンダクタンス, およびベースでの正孔・電子再結合に対応した, もれコンダクタンスを表す. 入力電圧を $v_{BE}(t) = v_m \sin(\omega t + \phi)$ と仮定すると, 入力電流は式(2.18)で表される.

$$i = C_{in} dv_{BE}(t)/dt = C_{in} v_m \omega \cos(\omega t + \phi) \tag{2.18}$$

出力電流は $i_o = g_m v_{BE}$ で表され, $i = i_o$ より, 遮断周波数は式(2.19)のように

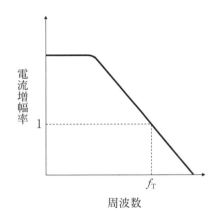

図 2.16　バイポーラトランジスタの高周波特性.

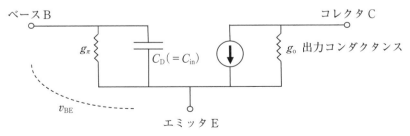

図 2.17　エミッタ接地の微小信号モデル.

表される.

$$f_T = g_m/(2\pi C_i) \tag{2.19}$$

なお, 式(2.19)において g_m は相互コンダクタンスと呼ばれる性能指数であり, エミッタ・ベース間電圧変化に対する電流増加として表される.

ベースを流れる電流 I_o, N_e, ベース入力容量を C_i, および入力電圧 V_i の間には式(2.20), (2.21)が成立する.

$$I_o = e N_e/\tau_{ec} \tag{2.20}$$

$$N_e = C_i V_i/e \tag{2.21}$$

以上より $g_m = \dfrac{dI_o}{dV_i} = \dfrac{C_i}{\tau_{ec}}$ となり, 遮断周波数は式(2.22)のように表される.

$$f_T = 1/(2\pi\tau_{ec}) \tag{2.22}$$

エミッタ, コレクタの時定数を, 各々, τ_e, τ_c, ベース領域, コレクタ空乏層を通過するのに必要な時間を, 各々, τ_b, τ_x とすると, 伝播遅延時間は $\tau_{ec} = \tau_e + \tau_b + \tau_x + \tau_c$ と表される.

以上より, 遮断周波数を大きくするためには, 以下の項目が重要である. (a)ベース領域の幅を薄くする. (b)エミッタ・ベース接合容量とエミッタ抵抗の積を小さくする. (c)コレクタ・ベース接合容量とコレクタ抵抗の積を小さくする. 最大発振周波数は, 入力電力と出力電力が等しくなる周波数であり, 式(2.23)のように表される.

$$f_{max} = (f_T/8\pi r_b C_c)^{1/2} \tag{2.23}$$

ところで, バイポーラトランジスタではベース領域の不純物濃度をエミッタより2桁小さくするため, 高抵抗, すなわち r_b が大となり f_{max} に影響を与える. そこで考案されたのがヘテロバイポーラトランジスタである. エミッタ・ベース間を異なる半導体で接合することにより, ベースからエミッタに注入さ

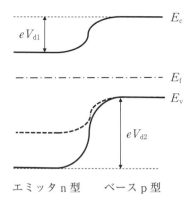

図2.18 ヘテロバイポーラトランジスタのエミッタ・ベースエネルギー帯.

れるキャリヤに対するエネルギー障壁を大きくして，エミッタからの注入効率
γを大きくするというものである．**図2.18**は，エミッタ・ベースのエネル
ギー帯構造を示す．従来型ではホモ接合なので$eV_{d1} = eV_{d2}$であるが，ヘテロ
接合であるため$eV_{d1} < eV_{d2}$を仮定する．この図を基に注入効率γを求める．
まず，p型，n型半導体中への拡散電流密度は，各々，式(2.24)のように表さ
れる．

$$I_{en} = (eD_e n_{p0}/L_e)\{\exp(eV_f/k_B T) - 1\}$$
$$I_{ep} = (eD_h p_{n0}/L_h)\{\exp(eV_f/k_B T) - 1\} \tag{2.24}$$

注入効率γは，式(2.25)のように表される．

$$\begin{aligned}
\gamma &= I_{en}/(I_{en} + I_{ep}) \\
&= (1 + I_{ep}/I_{en})^{-1} \\
&= [1 + (eD_h p_{n0}/L_h)\{\exp(eV_f/k_B T) - 1\}/(eD_e n_{p0}/L_e)\{\exp(eV_f/k_B T) - 1\}]^{-1} \\
&= (1 + D_h L_e p_{n0}/D_e L_h n_{p0})^{-1} \\
&= \{1 + (D_h L_e p_{p0}/D_e L_h n_{n0})\exp(-e\Delta V_d/k_B T)\}^{-1} \tag{2.25}
\end{aligned}$$

ここで$\Delta V_d = V_{d2} - V_{d1}$, $p_{n0} = p_{p0}\exp(-eV_{d2}/k_B T)$, $n_{p0} = n_{n0}\exp(-eV_{d1}/k_B T)$である．

ΔV_d の値として 0.1 V を仮定すると $k_\mathrm{B}T = 0.026\,\mathrm{eV}$（室温）であることから，注入効率 γ を限りなく 1 に近づけることが可能であることがわかる．具体的には Si/SiGe や AlGaAs/GaAs 構造により研究が進められている．

(2)-3　MOS トランジスタと歪みトランジスタ

次に，MOS トランジスタについて説明する．まず，MOS ダイオード特性を理解する．**MOS**（metal oxide semiconductor）**構造**を形成した半導体の表面状態は，ゲート電極に印加する電圧により変化する．**図 2.19**（a）～（c）は，p 型 Si 半導体に形成された MOS 構造のゲート電極に負，および正電圧を印加した場合のポテンシャル分布の変化を示す．（a）は負電圧を印加した場合を示しており，ゲート電極の直下には p 型 Si 半導体の多数キャリヤである正孔が引き付けられ表面に**蓄積層**（accumulation layer）を形成する．半導体表面近傍に，図示のようなバンド曲がりを生じる．荷電子帯のエッジ（E_v）は酸化膜/p-Si 界面において**フェルミエネルギー準位**（E_f：Fermi energy）に近づき，正孔濃度が増加し，p から p$^+$ に変化する．（b）は正電圧を印加した場合を示しており，ゲート電極直下の正孔は半導体内部へ押しやられて移動し，p-Si/酸化膜界面の半導体側に，アクセプタイオンによる負に帯電した**空間電荷層**（または**空乏層**（depletion layer））を形成する．このため，半導体表面近傍に，負電圧を印加した場合とは反対方向に，バンド曲がりを生じる．印加電圧の増加とともに，禁制帯の中央準位（E_i）はフェルミエネルギー準位（E_f）に近づき，また，空乏層幅も広がっていく．さらに，大きな電圧を印加して，中央準位（E_i）がフェルミエネルギー準位（E_f）より下がると，反転して表面は n 型層になる．ここで，p-Si/酸化膜界面の半導体の表面ポテンシャルを ϕ_s とし，バルクでの中央準位とフェルミエネルギー準位の差を ϕ_f とする．この場合，$\phi_\mathrm{f} < \phi_\mathrm{s} < 2\phi_\mathrm{f}$ の条件が満たされており，**弱反転**（weak inversion）と呼ぶ．印加電圧が大きくなり，$\phi_\mathrm{s} \geq 2\phi_\mathrm{f}$ になると，（c）に示すように表面に電子が誘起され，n 型の**反転層**（inversion layer）が形成される．この状態を**強反転**（strong inversion）と呼ぶ．

次に，表面キャリヤ密度と表面ポテンシャルの関係を説明する．半導体の表

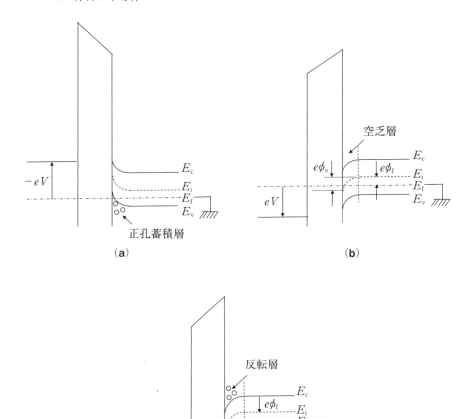

図 2.19　MOS 構造のゲート電極に電圧印加したときのポテンシャル変化．（a）負電圧印加（蓄積層形成），（b）正電圧印加（空乏層形成 → 弱反転層形成），（c）さらに大きい正電圧印加（強反転層形成）．

面状態は以上の説明のように印加電圧により変化するが，厳密には表面ポテンシャルと密接に関係する．表面に誘起されるキャリヤ密度と表面ポテンシャルの関係をボルツマン（Boltzmann）分布，ポアッソン（Poisson）の式を用いて求める．半導体内部では平衡状態になっており，式（2.26）のような電荷の中性条

件が成立する．ここで N_d, N_a, p_{p0}, n_{p0} は，各々，ドナー不純物濃度，アクセプタ不純物濃度，平衡状態におけるバルク中の正孔濃度，電子濃度を表す．

$$N_d - N_a + p_{p0} - n_{p0} = 0 \tag{2.26}$$

表面近傍の電荷密度 $\rho(x)$ は，式 (2.27) のように表される．p, n は，各々，正孔濃度，電子濃度である．

$$\rho(x) = e\{p - n + (N_d - N_a)\} \tag{2.27}$$

p_{p0}, n_{p0} はボルツマン分布により，式 (2.28), (2.29) のように表される．

$$p_{p0} = n_i \exp(e\phi_f / k_B T) \tag{2.28}$$

$$n_{p0} = n_i \exp(-e\phi_f / k_B T) \tag{2.29}$$

ただし，$e\phi_f = E_i - E_f$ とおいた．

表面近傍においては，エネルギーバンドが曲がるので $(E_i - E_f)$ は一定値をとらないで，$E_i - E_f = e\{\phi_f - \phi(x)\}$ と表される．表面ポテンシャル $\phi(x)$ は酸化膜，半導体界面を原点とし半導体膜厚方向を x 軸とし，深さ x での真性半導体フェルミ準位との差と定義する．以上より p, n は，各々，式 (2.30), (2.31) のように表される．

$$p = p_{p0} \exp\{-e\phi(x) / k_B T\} \tag{2.30}$$

$$n = n_{p0} \exp\{e\phi(x) / k_B T\} \tag{2.31}$$

式 $(2.26) \sim (2.31)$ より，電荷密度 $\rho(x)$ は，式 (2.32) のように表される．

$$\rho(x) = e[p_{p0}\{\exp(-e\phi(x)/k_B T) - 1\} - n_{p0}\{\exp(e\phi(x)/k_B T) - 1\}] \tag{2.32}$$

したがって，ポアッソンの式は式 (2.33) のように表される．

$$d^2\phi(x)/dx^2 = -(e/\varepsilon_{Si}\varepsilon_0)[p_{p0}\{\exp(-e\phi(x)/k_B T) - 1\}$$

$$- n_{\text{p0}} \{\exp(e\phi(x)/k_\text{B}T) - 1\}] \tag{2.33}$$

式 (2.33) を解くことにより，界面の電界 E_s が求まる．結果のみを示すと，式 (2.34) になる．

$$E(x) = \pm \sqrt{(2ep_{\text{p0}}/\varepsilon_{\text{Si}}\varepsilon_0\beta)} [\{\exp(-\beta\phi) + \beta\phi - 1\}$$
$$+ (n_{\text{p0}}/p_{\text{p0}})\{\exp(\beta\phi) - \beta\phi - 1\}]^{1/2} \tag{2.34}$$

ここで，$\beta = e/k_\text{B}T$ とおいた．さらに，正孔の**デバイ長** (Debye length) として $L_\text{D} = \sqrt{2\varepsilon_{\text{Si}}\varepsilon_0 k_\text{B}T/p_{\text{p0}}e^2}$ とおき，$E_\text{s} = E(0)$，$\phi_\text{s} = \phi(0)$ とおき換えると，表面電界と表面ポテンシャルは式 (2.35) の関係で表される．

$$E_\text{s} = \pm (2k_\text{B}T/eL_\text{D}) [\{\exp(-\beta\phi_\text{s}) + \beta\phi_\text{s} - 1\}$$
$$+ (n_{\text{p0}}/p_{\text{p0}})\{\exp(\beta\phi_\text{s}) - \beta\phi_\text{s} - 1\}]^{1/2} \tag{2.35}$$

次に，界面に誘起される電荷量 Q_s が表面ポテンシャル ϕ_s とどのような関係にあるのかを示す．Q_s はガウス (Gauss) の定理により式 (2.36) のように表される．

$$Q_\text{s} = - \varepsilon_{\text{Si}}\varepsilon_0 E_\text{s} \tag{2.36}$$

式 (2.36) を，蓄積状態 ($\phi_\text{s} < 0$)，空乏状態 ($0 < \phi_\text{s} < \phi_\text{f}$)，弱反転状態 ($\phi_\text{f} < \phi_\text{s} < 2\phi_\text{f}$)，強反転状態 ($2\phi_\text{f} < \phi_\text{s}$) に条件分けをして計算を行うと，電荷量 Q_s と表面ポテンシャル ϕ_s の関係が求まるが，詳細は付録9，または他専門書 (2-1 引用文献[9]) に譲る．界面に誘起される電荷量 Q_s が蓄積状態，強反転状態では表面ポテンシャルに関して指数関数的に変化することから急激に増加するのに対して，空乏状態，弱反転状態では表面ポテンシャルの平方根で変化するため緩やかな増加傾向となる．**図 2.20** はこの傾向を定性的に表したものである．

次に，容量電圧 (C-V) 特性について説明する．表面近傍の電気容量 C_s は式 (2.37) で表される．

$$C_\text{s}(\phi_\text{s}) = \frac{\partial Q_\text{s}(\phi_\text{s})}{\partial \phi_\text{s}} \tag{2.37}$$

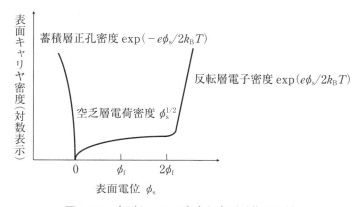

図2.20　表面キャリヤ密度と表面電位の関係.

また，ゲート電圧との関係は式(2.38)で表される.

$$V_G = (-Q_s(\phi_s)/\varepsilon_{Si}\varepsilon_O)\,t_{OX} + \phi_s$$
$$= \phi_s - (Q_s(\phi_s)/C_{OX}) \tag{2.38}$$

なお，ここで C_{OX} はゲート単位面積当たりの容量，t_{OX} は酸化膜厚である.

さらに，全容量 C は式(2.39)により表される.

$$\frac{1}{C} = \frac{1}{C_s(\phi_s)} + \frac{1}{C_{OX}} \tag{2.39}$$

式(2.35)～(2.39)により，**図2.21** の MOS 構造の容量-ゲート電圧特性が表される. ゲート電圧を大きくすると，空乏層幅も大きくなり，C/C_{OX} は小さくなる. そして，強反転を生じるともはや空乏層はさほど広がらないが，反転層が形成され容量は再び増加する. 図2.21 の実線はこの様子を示し，**準静的電気容量特性**と呼ばれる. なお，負ゲート電圧の場合は空乏層の形成はないので C/C_{OX} は 1 になる. 次に直流電圧に小信号を重畳した場合を説明する. 周波数が低い場合は，ゲート電圧を大きくするに従い，C/C_{OX} は 1 に近づく. 周波数の効果は空乏層における正孔電子対の生成・消滅速度を考慮する必要がある.

高周波数の場合は以下のようになる. ゲート電圧の変化 $+dV_G$ に伴いゲー

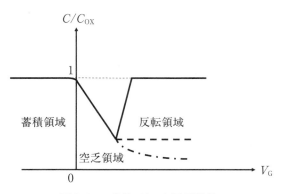

図 2.21   容量‐ゲート電圧特性.

ト電極に $+dQ_G$ の電荷を生じ，空乏層端の正孔もバルク内部に押しやられ，$-dQ_G$ の電荷を生じる．空乏層で生成した正孔は正孔の抜けた空乏層端を補償し，電子も界面に移動しようとするが，それよりも早く，ゲート電圧が $-dV_G$ 変化する．この場合測定周波数を f_m，キャリヤの寿命を τ_e とすると，およそ $1/f_m \ll \tau_e$ と表される．そのため，生成する正孔電子対は交流電圧の変化に追随できず，全容量として，酸化膜，空乏層を合わせた容量を見ることになり，点線で示すようになる．

　他方，低周波数の場合は，空乏層で生成した正孔は正孔の抜けた空乏層端を補償し，電子も界面に移動することができる．この場合は，$1/f_m \gg \tau_e$ と表される．ゲート電極の $+dQ_G$ の電荷は界面に移動した $-dQ_G$ の電子に対応し，全容量として，酸化膜容量を見ることになり，実線に近づく．

　ゲートにパルス電圧(小信号を同時に重畳)を印加する場合を考える．蓄積領域形成に相当する電圧を基準として，パルスの大きさは空乏層，反転層が形成される程度の値とする．パルス幅を短くすると反転層の形成は不可能になり，空乏層の形成のみとなり，図2.21の1点鎖線のようになる．

　次に，フラットバンド電圧 (V_{FB}) とその要因について説明する．既述した C-V 特性は，理想的な場合を示している．例えば，ゲート電極に使用される金属と半導体に仕事関数の差 (ϕ_{MS}) がある場合，あるいは酸化膜中に Na^+ 等の電荷が導入された場合，系のフェルミエネルギー (E_f) は一定であることか

ら, 半導体界面近傍においてバンド曲がりを生じる. このバンド曲がりをなく
すためにゲートに印加する電圧, または理想 *C-V* 特性に一致させるための電
圧を**フラットバンド電圧**(V_{FB}: flat band voltage)と呼ぶ.

フラットバンド電圧を構成する要因としては, 先に挙げた2項目以外に, 次
の2項目が挙げられる. 第一に, **固定表面準位電荷**(Q_f: fixed oxide charge)と
呼ばれるもので, 熱酸化時に界面の酸化膜側に生じる過剰 Si による陽イオン
がある. 詳細は他の専門書を参考にされたいが, 熱酸化は酸素原子が Si の共
有結合を切ることにより進行するため, 酸化膜と Si の界面近傍には4つの手
を切られた未反応の Si イオンが存在する. 第二に, **速い表面準位**(N_{FS}: fast
surface state), または, **界面トラップ電荷**(Q_{it}: interface trap charge)と呼ば
れるもので, Si と酸化膜の界面に存在する Si の未結合手, いわゆる, **ダング
リングボンド**(dangling bond)がその原因になる. 「速い」のいわれは室温にお
いて, この準位と伝導帯, あるいは荷電子帯との間で電荷のやりとりを行うこ
とに起因する. また, この準位は真性準位(E_i)の近傍に位置しており, 電子
占有率はフェルミエネルギーとの位置関係に依存し, ゲート電圧の影響を被
る. MOS 構造の *C-V* 特性は固定表面準位電荷がある場合は, 理想的な場合
から電圧方向に平行移動する. 速い表面準位がある場合は, ゲート電圧の大き
さによりゲート電圧のシフトする大きさが異なる. すなわち, 容量の減少する
勾配が変化する. 式(2.40)はフラットバンド電圧を表す. なお, しきい値は,
実際にはフラットバンド電圧を加えた値になる.

$$V_{FB} = -\frac{Q_f}{C_{OX}} + \phi_{MS} \tag{2.40}$$

以上のダイオード特性を基に **MOS トランジスタ**(transistor)の動作を考え
MOS トランジスタの基本的動作原理は以下のようになる. MOS 構造におい
て強反転状態では, 酸化膜と半導体の界面に過剰電子が誘起されるので,
MOS 構造の両側に電子を溜めておく領域を形成すると, その領域への電圧の
印加状態により, 過剰電子の誘起された領域を**チャネル**(cahnnel)として電子
を外部に取り出すことができる. p 型半導体に形成された MOS 構造をもつ **n
チャネル型 MOS トランジスタ**(transistor)により動作を考える. **ソース**

(source)は電子が流れ出す領域，**ドレイン**(drain)は電子が流れ込む領域にそれぞれ対応し，抵抗を小さくするため，不純物濃度が約 10^{21} cm^{-3} の n^{+} 層により形成される．ゲート電極への正電圧印加により，ゲート直下に過剰電子によりチャネルを形成する．ソースを接地しドレインに正電圧を印加することにより，チャネルに電流が流れる．ソースとドレイン間の距離をチャネル長と呼び l で表し，チャネル幅は w で表す．後述するが，w/l はトランジスタ動作上の重要なパラメータになる．なお，n 型基板に作製すると，正孔のチャネルを形成することになり，この場合，p チャネル型 MOS トランジスタと呼ぶ．ソース，ドレインは p^{+} 層により形成される．

次に，しきい値について説明する．MOS トランジスタにおいて，反転層を生じさせるための電圧を**しきい値**(V_{th}：threshold voltage)と呼ぶ．反転層形成の臨界条件は，$\phi_{\mathrm{s}}=2\phi_{\mathrm{f}}$ とおけるので V_{th} は n チャネルに対して式(2.41)で表されることになる．

$$V_{\mathrm{th}}=2\phi_{\mathrm{f}}+(2/C_{\mathrm{OX}})(\varepsilon_{\mathrm{Si}}\varepsilon_0 eN_{\mathrm{a}}\phi_{\mathrm{f}})^{1/2}+V_{\mathrm{FB}} \tag{2.41}$$

同様に，p チャネルに対しては式(2.42)で表される．

$$V_{\mathrm{th}}=-2|\phi_{\mathrm{f}}|-(2/C_{\mathrm{OX}})(\varepsilon_{\mathrm{Si}}\varepsilon_0 eN_{\mathrm{a}}|\phi_{\mathrm{f}}|)^{1/2}+V_{\mathrm{FB}} \tag{2.42}$$

また，電流-電圧 (I_{d}-V_{d}) 特性は長チャネルの場合，空乏層幅を一定として**グラデュアルチャネル**(gradual channel)**近似**により式(2.43)で表される．

$$I_{\mathrm{d}}=(W\mu C_{\mathrm{OX}}/2L)\{2(V_{\mathrm{G}}-V_{\mathrm{th}})V_{\mathrm{d}}-V_{\mathrm{d}}^2\} \tag{2.43}$$

この式は線形領域における特性を表す．最大電流 $I_{\mathrm{d,max}}$ を求めると，式(2.44)のようになり，この式が飽和領域における特性を表す．

$$\begin{aligned}I_{\mathrm{d,max}}&=I_{\mathrm{d}}|_{dI_{\mathrm{d}}/dV_{\mathrm{d}}=0}\\&=(W\mu C_{\mathrm{OX}}/2L)(V_{\mathrm{G}}-V_{\mathrm{th}})^2\end{aligned} \tag{2.44}$$

なお，この最大値を示す点を**ピンチオフ**(pinch off)**点**と呼び，チャネルのドレイン端での誘起電荷量 Q_{I} が 0 になる．すなわち，ドレイン端で Q_{I} を生じさせ

るために酸化膜にかかる電圧を ΔV_{OX} とすると，$\Delta V_{OX}=0$ となる．I_d-V_d 特性の物理的イメージは以下のようになる．ゲート電圧をしきい値より大きい一定値にして $(0<V_d<V_G-V_{th})$，ドレイン電圧を 0 から徐々に上昇させていくと，式(2.43)に従い電流は線形に増加する．ドリフトにより電子は反転層中を移送されるのであるが，電界 E_y が小さいため電子速度は比較的小さい．電流がピンチオフ点に達し $(0<V_d=V_G-V_{th})$，さらにドレイン電圧を上昇させると $(V_d>V_G-V_{th}>0)$，ピンチオフ点は反転層中をドレイン端からソースに向かって移動する．この場合，電子はピンチオフ点まではドリフト電流により比較的低速で移送されるのであるが，ピンチオフ点からドレイン端までは空乏層の中を電界により高速で移動することになる．以上より I_d-V_d 特性の領域は，線形領域，飽和領域（またはピンチオフ領域），遮断領域 $(0>V_G-V_{th})$ の 3 領域に分けられる．ピンチオフの現象をさらに理解しやすくする．**図 2.22**(a)，(b)は，各々，チャネルの任意位置において，チャネル方向に垂直な断面のエネルギー帯図，およびチャネル方向に平行な断面のエネルギー帯図である．式(2.45)が成立する．

$$V_G=(V_{OX}+2\phi_f)+\Delta V_{OX}+V(y)=V_{th}+\Delta V_{OX}+V(y) \qquad (2.45)$$

ソース/チャネル境界においては，$V(0)=0$ であるので，$V_G=V_{OX}+2\phi_f+\Delta V_{OXs}$ が成立し，ドレイン/チャネル境界においては，$V_G=V_{OX}+2\phi_f+V_d+\Delta V_{OXd}$ が成立する．今，V_G は一定であるので，V_d が大きくなるに従い，ΔV_{OXd} は小さくなることがわかる．V_d がある値に達すると，ΔV_{OXd} は 0 になり，もはや電荷は誘起されなくなる．これがピンチオフ状態である．もう少しチャネル長が小さくなり，チャネルの y 方向の各位置において，電位の変化率が大きくなり，空乏層幅を一定として求めると誤差が大きくなる場合，Q_B を一定と考えることはできず，y 方向の各位置において変化する．これを，**空乏近似**と呼んでおり式(2.46)が得られる（付録 10 参照）．

$$I_d=(W\mu C_{OX}/L)[(V_G-2\phi_f)V_d-V_d^2/2$$
$$-(2/3)(2eN_a\varepsilon_{Si}\varepsilon_O)^{1/2}\{(V_d+2\phi_f)^{3/2}-(2\phi_f)^{3/2}\}/C_{OX}] \qquad (2.46)$$

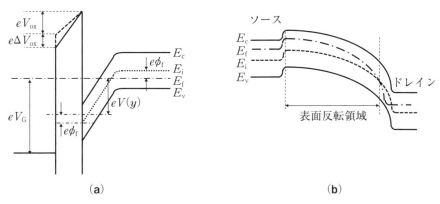

図 2.22 MOSFET の動作時のエネルギー帯．（a）チャネル方向に垂直な断面，
（b）チャネル方向に平行な断面．

式(2.43)，(2.44)，(2.46)は，強反転によりチャネルが形成されている場合で
あり，その場合はチャネルのキャリヤ伝導は反転層電子密度が十分大きいので
ドリフト電流が支配的になる．空乏領域〜弱反転領域においてもわずかながら
電流は流れており，**サブスレッショルド**(subthreshold)**領域**と呼ばれており，
その制御はスイッチング特性に影響しすこぶる重要である．その領域の伝導機
構は拡散電流が支配的となる．チャネルのソース端の電子密度を $n(0)$，ドレ
イン端の電子密度を $n(L)$ とすると，ドレイン電流は式(2.47)で表される．

$$I_{\mathrm{d}} = AeD_{\mathrm{n}}\left(\frac{dn(x)}{dx}\right)$$
$$= AeD_{\mathrm{n}}\left\{\frac{n(L) - n(0)}{L}\right\} \tag{2.47}$$

ここで，A はチャネル断面積，D_{n} は電子の拡散係数である．

今，$n(0)$，$n(L)$ は，式(2.48)，(2.49)で表される．

$$n(0) = n_{\mathrm{i}}\exp\left\{-\frac{e(\phi_{\mathrm{f}} - \phi_{\mathrm{s}})}{k_{\mathrm{B}}T}\right\} \tag{2.48}$$

$$n(L) = n_i \exp\left\{-\frac{e(\phi_f - \phi_s + V_d)}{k_B T}\right\} \tag{2.49}$$

以上よりドレイン電流は式(2.50)で表される.

$$I_d = \left(\frac{AeD_n n_i}{L}\right) \exp\left\{-\frac{e(\phi_f - \phi_s)}{k_B T}\right\}\left\{\exp\left(\frac{-eV_d}{k_B T}\right) - 1\right\} \tag{2.50}$$

ここで, ϕ_s はゲート電圧の関数であり, 指数関数で表されることから, しきい値以下のゲート電圧では急峻な関数となることがわかる. サブスレッショルド特性に関しては集積回路の項でさらに説明を加える.

　以上は従来型の MOSFET の動作であるが, 近年, 活性層に歪みを導入することで移動度を向上させる, 歪みトランジスタの研究が盛んである. その説明の前に MOSFET の界面エネルギー準位について若干説明する. **図2.23**(a), (b)は, 各々, MOS の半導体と酸化膜界面に形成された三角ポテンシャルによる表面量子化, および k 空間の等エネルギー面を示す. 三角ポテンシャルの基底準位と励起準位に電子が局在するのであるが, 現実には基底準位と励起準位のエネルギー差が小さいことから, 室温では電子の熱励起の効果や界面での散乱があるため観測されない. 基底準位と励起準位に分離する理由は以下である. Si では, 伝導帯の最低エネルギー点は k 空間において, Γ 点から X 点に至る軸上に存在する. 第1ブリュアン帯の対称性から, 等価な最低エネルギー点は6箇所あり, Si の伝導帯は多谷構造をなしている. 一般にエネルギーと運動量の関係は式(2.51)で表される. E_c, P, k は, 各々, 伝導帯の最低エネルギー値, 運動量, 波数を表す.

$$E - E_c = P^2/2m = (\hbar k)^2/2m \tag{2.51}$$

3次元状態を考慮すると, この関係は式(2.52)で表される.

$$E - E_c = (\hbar^2/2)\{(k_1)^2/m_1 + (k_2)^2/m_2 + (k_3)^2/m_3\} \tag{2.52}$$

なお, ここで, m_1, m_2, m_3 は以下で表される.

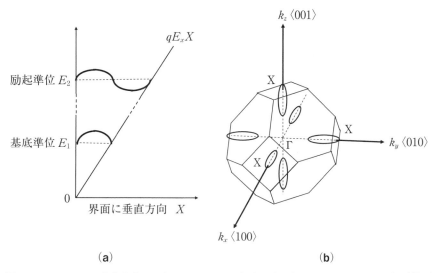

図 2.23 MOS に形成されるポテンシャル．（a）三角ポテンシャルによる表面量子化，（b）k 空間の等エネルギー面．

$$m_1 = \hbar^2/(d^2E/dk_1^2), \quad m_2 = \hbar^2/(d^2E/dk_2^2), \quad m_3 = \hbar^2/(d^2E/dk_3^2) \quad (2.53)$$

k_1，k_2，k_3 は k ベクトルの各座標軸成分であり，座標軸 1 を任意の 1 つの軸にとり，座標軸 2，3 をそれぞれ直交する他の軸にとる．座標軸 1 上の谷点の位置，k_{10} で最低エネルギーと仮定すると，式(2.52)は式(2.54)になる．

$$E - E_c = (\hbar^2/2)\{(k_1 - k_{10})^2/m_1 + (k_2)^2/m_2 + (k_3)^2/m_3\} \quad (2.54)$$

すなわち，等エネルギー面は回転楕円体になることがわかる．なお，6 つの等価な方向があり，6 重に縮退する．図 2.23（b）はその様子を示す．今，MOS 界面に(001)面を仮定する．**表 2.1** は有効質量を示す．(001)面を真上から見て等エネルギー面が円となる場合を上段に，(001)面を真上から見て楕円となる場合を下段に示す．エネルギーの波数(k)による 2 次微分の値から，楕円体の長軸方向の有効質量(m_1)の方が短軸方向の有効質量(m_t)よりも大きい．図 2.23（a）の三角ポテンシャルの中に，長軸方向の 2 重縮退と短軸方向の 4

表 2.1　電子の有効質量($m_t = 0.19\,m_0$,　$m_1 = 0.916\,m_0$,　m_0 は真空中質量).

	m_1	m_2	m_3	縮退度
(001)面真上から円を見た場合	m_t	m_t	m_1	2
(001)面真上から楕円を見た場合	m_t	m_1	m_t	4

重縮退の等エネルギー準位が現れることがわかる. エネルギー準位の大きさは 2 重縮退の値, $\hbar^2 k^2 / 2m_1$ の方が, 4 重縮退の値 $\hbar^2 k^2 / 2m_t$ よりも小さい. また, 電子移動度は 2 重縮退準位の方 $\tau e / m_t$ が, 4 重縮退準位 $\tau e / m_i$ よりも大きくなる. ここで, $m_1 > m_i > m_t$ である. しかし, これら準位間エネルギー差は小さく, チャネルを移動する電子は, 雰囲気より受ける熱エネルギー, MOS 界面での原子レベル凹凸による散乱等の影響で両準位に存在することになり, 高電子移動度を実現することは難しい. 電子移動度の大きい 2 重縮退エネルギー準位に電子を局在させるためには, 2 つのエネルギー準位の差を大きくすることである. そこで提案されたのが Si に歪みを導入する技術である. **図 2.24**(a)は, SiGe 上に Si 薄膜を形成し, 格子定数差を利用して Si 薄膜に 2 軸方向の引張歪みを与える場合を模式的に示す. Si, Ge の格子定数は, 各々 5.43, 5.65 Å であるが, Si 中に寸法の大きい Ge 原子が導入されると, SiGe 混晶の格子定数は 5.43-5.65 Å の間を Ge 濃度に依存して増加する. SiGe の格子定数の方が Si より大きいので, Si の格子は面内方向に引張歪み, 面に垂直方向に圧縮歪みを受ける. 再度, 図 2.23(b)により説明する. (001)面に対して引張歪みを与えると, ブリュアン帯は〈010〉方向, 〈100〉方向で縮み, 〈001〉方向に伸び, 非等方的な形状になる. 2 重縮退の値 $\hbar^2 k^2 / 2m_1$ は, さらに小さくなり, 4 重縮退の値 $\hbar^2 k^2 / 2m_t$ は, 逆に大きくなる. すなわち, 2 重縮退と 4 重縮退のエネルギー準位の差が大きくなる. 図 2.24(b)は, 歪みが加わった場合の等エネルギー面の変化を示す. k_z 方向では等エネルギー面の面積が増加し, k_x, k_y 方向では等エネルギー面の面積は減少する. すなわち, 2 重縮退エネルギー準位の電子数が増加する. 歪み Si の(001)面に作製した MOSFET の電子移動度は増加することがわかる.

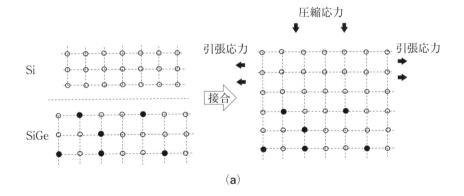

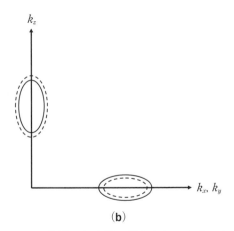

図 2.24　歪み MOSFET の特徴．（a）膜に誘起される応力，（b）等エネルギー面への影響．

　微小交流信号における場合を考える．ピンチオフしている場合を考え，ゲート/ソース間に印加された微小交流電圧を v_{gs} とすると，ソース/ドレイン間に流れる微小電流 i_d は $g_m v_{gs}$ で表される．g_m は式(2.55)で表される．

$$g_m = dI_d / dV_G|_{V_d=\text{const.}} \tag{2.55}$$

g_m は大きいほど，増幅度合いが大きくなる．g_m は，飽和領域で式(2.56)で表される．

$$g_{\mathrm{m}} = (W\mu C_{\mathrm{OX}}/L)(V_{\mathrm{G}} - V_{\mathrm{th}}) \tag{2.56}$$

ここで，遮断周波数 f_{T} は入力信号をもはや増幅しなくなる状態である．入力電流 i_{in} は式(2.57)のようになる．

$$
\begin{aligned}
i_{\mathrm{in}} &= j\omega C_{\mathrm{G}} v_{\mathrm{gs}} \\
&\simeq j2\pi f_{\mathrm{T}} C_{\mathrm{OX}}(L \times W) v_{\mathrm{gs}}
\end{aligned}
\tag{2.57}
$$

この電流は，出力電流 $i_{\mathrm{out}} = g_{\mathrm{m}} v_{\mathrm{gs}}$ に等しくなる．すなわち，$|i_{\mathrm{in}}| = |i_{\mathrm{out}}|$ として f_{T} は式(2.58)で表されることになる．

$$f_{\mathrm{T}} = \frac{g_{\mathrm{m}}}{2\pi C_{\mathrm{G}}} \tag{2.58}$$

f_{T} は式(2.59)のようにも表される．

$$f_{\mathrm{T}} = \mu_{\mathrm{e}}(V_{\mathrm{g}} - V_{\mathrm{t}})/(2\pi L^2) \tag{2.59}$$

この式よりわかるように，f_{T} を大きくするためには，チャネル長 L を小さくして W/L を大きくするか，または移動度 μ_{e} を大きくすることである．シリコンの集積回路において，微細化を進める1つの利点はこの点にもあるのである．

(2)-4 TFT と SOI MOSFET

　ガラス，繊維，紙等の絶縁膜上に形成された半導体薄膜にトランジスタの形成が検討されている．これを**薄膜トランジスタ**(thin film transistor : TFT)と呼んでおり，基板上に堆積されたアモルファス Si(a-Si)，または多結晶 Si(poly-Si)を活性領域として MOS トランジスタが作製された構造である．TFT と Si ウエハ上の MOSFET の研究開発の歴史に関しては，ある時期を境に分かれた．**表 2.2** は薄膜トランジスタの研究・開発の歴史を表す．CuS を使用した3端子電流制御素子の特許は Lilienfeld が 1925 年に初めて出願している．さらに，増幅素子の特許を Heil が 1934 年に出願した．この時期は真空管が増幅素子として使われていたが，容積が大きいことから，固体増幅素子の研究が盛んに行われていた．ショックレイもこの時期にショットキー型の3端子トラ

━ one point 2　トンネル電界効果型トランジスタ ━

　低次元微細 CMOS 技術は現在，ゲート長が 7 nm までは**フィン電界効果型トランジスタ**(FIN-FET)，**トンネル電界効果型トランジスタ**(Tunnel FET)，または量子細線 FET で可能と考えられているが，それ以降においてはゲート長自体が量子力学的寸法に到達し，新しいデバイス構造，または新材料の出現が期待されている．ここではトンネル電界効果型トランジスタについて説明する．**図 2p.1** に現在，研究がもっとも進められているトンネル FET の原理図を示す．ソース不純物濃度が p^+，ドレイン不純物濃度が n^+ になっている．ゲート電極に正電圧印加を行うとソースの価電子帯からバンドギャップを介したトンネル注入によりチャネルに電子が導入される．トンネル電界効果型トランジスタの特徴はサブスレッショルド係数を小さくできることである．

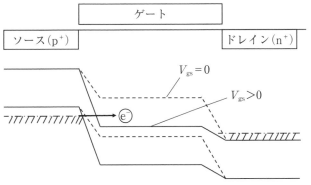

図 2p.1　トンネル FET のエネルギー帯のチャネル方向断面図．

表2.2　薄膜トランジスタ(TFT)研究・開発の歴史.

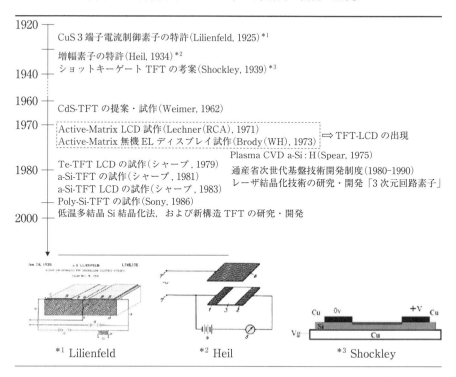

1920	
CuS 3端子電流制御素子の特許(Lilienfeld, 1925)[1]	
増幅素子の特許(Heil, 1934)[2]	
1940	ショットキーゲート TFT の考案(Shockley, 1939)[3]
1960	CdS-TFT の提案・試作(Weimer, 1962)
1970	Active-Matrix LCD 試作(Lechner(RCA), 1971) Active-Matrix 無機 EL ディスプレイ試作(Brody(WH), 1973) ⇒ TFT-LCD の出現
	Plasma CVD a-Si : H(Spear, 1975)
1980	Te-TFT LCD の試作(シャープ, 1979)　通産省次世代基盤技術開発制度(1980-1990) a-Si-TFT の試作(シャープ, 1981)　レーザ結晶化技術の研究・開発「3次元回路素子」 a-Si-TFT LCD の試作(シャープ, 1983) Poly-Si-TFT の試作(Sony, 1986)
2000	低温多結晶 Si 結晶化法，および新構造 TFT の研究・開発

*1 Lilienfeld　　*2 Heil　　*3 Shockley

ンジスタを提案しているが，これらの研究はいずれも上手くいかなかった．しかし，すでに説明したように，1947-1948年にショックレイのグループは Ge 基板でトランジスタの発明を行っている．これらの成果は後の Si 集積回路の発展につながった．他方，TFT は1962年に Weimer が CdS-TFT の提案・試作をするまで目立った研究開発はされなかった．1971年に RCA が Active-Matrix LCD を試作，引き続き，1973年に Westing House が Active-Matrix 無機 EL ディスプレイを試作した頃から，TFT は液晶ディスプレイの駆動素子という考え方が定着し始めた．国内では1981年にシャープが a-Si-TFT の試作を行い，1983年に a-Si-TFT LCD の試作を行った．さらに，1980-1990年に通産省次世代基盤技術開発制度の枠組みで行われた「3次元回路素子」プロ

ジェクトでレーザ結晶化技術の研究・開発が集中的になされた．このような状況において，1986年にソニーが初めて低温 Poly-Si-TFT の試作に成功した．TFT は**トップゲート**（top gate）**構造**と**ボトムゲート**（bottom gate）**構造**があり，前者はゲートが半導体層の上に位置しており，後者はゲートが半導体層の下に位置する．近年，基板に積層された a-Si 薄膜をエキシマレーザやグリーンレーザ等により多結晶化する技術が開発されており，レーザ照射領域以外は低温に保持できることからこのような膜を**低温ポリシリコン**（low temperature polycrystalline silicon：**LTPS**）と呼んでいる．LTPS の膜質に関し，a-Si 薄膜の溶融，それに続く核形成・粒成長過程は基板と a-Si 膜の界面から始まるため，界面近傍の Si 膜中には結晶欠陥が多いが，Si 膜表面の膜質は良好である．トップゲートの場合は再結晶化半導体層の自由表面側にチャネルが作られるが，ボトムゲートの場合は酸化膜真上の再結晶化半導体層にチャネルが形成されることから，トップゲートの方がキャリヤ電界効果移動度は大きい．また，単結晶 Si の MOSFET に比べ，トランジスタ性能は結晶粒内欠陥，結晶粒界等のため若干悪くなる．ゲートオフ電流は単結晶基板に作製された MOSFET と比較して劣化する．**図 2.25**（a），（b），（c）は，各々，LTPS を使った一般的な TFT の構造，トランスファー特性（ドレイン電流とゲート電圧の関係），およびチャネルに沿ったエネルギー帯構造を示す．TFT のキャリヤ伝導はバンド伝導で考えられるが単結晶 MOSFET と唯一異なるのは結晶粒界による抵抗が存在することである．移動度は一般に式（2.60）で表される．

$$\mu = L_\mathrm{g} e \left(\frac{1}{2\pi m_\mathrm{e} k_\mathrm{B} T} \right)^{1/2} \exp\left(-\frac{eV_\mathrm{b}}{k_\mathrm{B} T} \right) \tag{2.60}$$

m_e，L_g，V_b，μ は，各々，Si 中の電子の有効質量，Poly-Si の平均結晶粒径，結晶粒界によるポテンシャルバリヤ，電子移動度である．移動度は，a-Si-TFT で 0.1-1 cm^2 V^{-1}s^{-1}，Poly-Si-TFT で 10-200 cm^2 V^{-1}s^{-1} である．a-Si-TFT は，大型ディスプレイ，Poly-Si-TFT が中・小型ディスプレイと棲み分けされているのであるが，近年，μc-Si，擬似 Si 単結晶を使った TFT の研究・開発が行われている．シリコン TFT の課題は多結晶シリコンへのトランジスタ形成という点からゲート on/off 比率の向上，ゲート off 電流の低減，S 値の

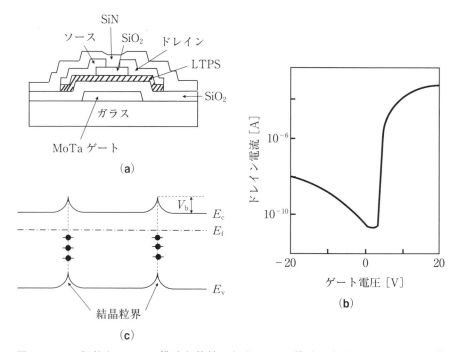

図 2.25 一般的な TFT の構造と特性. (a)TFT の構造, (b)トランスファー特性, (c)チャネル方向に沿うエネルギー帯構造.

向上を図ることである. μc-Si-TFT では電界効果移動度, ゲートしきい値, S 値はそれぞれ $3.1\,\mathrm{cm^2\,V^{-1}s^{-1}}$, $2.3\,\mathrm{V}$, $0.93\,\mathrm{V/decade}$ であり, 擬似 Si 単結晶 TFT では電界効果移動度は $532\,\mathrm{cm^2\,V^{-1}s^{-1}}$ になる. なお, 近年の LTPS の結晶化, デバイスに関しては 2-1 引用文献[13]を参照されたい.

図 2.26 はアクティブマトリックス型液晶ディスプレイ(active matrix liquid crystal display:**AMLCD**)の画素の部分を示す. AMLCD はディスプレイの XY マトリックスの各交点に対応する画素の部分に TFT を設けたものであり, 各画素の輝度制御が可能になるため, 画質が格段に向上する. 最近は液晶, 有機 EL ディスプレイは全て, アクティブマトリックス型を採用している. 基本的には DRAM のメモリーセルと同じ構造であるが, 容量絶縁膜が液晶材料になっている. 最近, Poly-Si-TFT を使った有機 EL テレビも実用化されてい

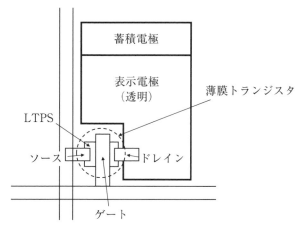

図2.26　アクティブマトリックス型液晶ディスプレイの画素.

る．一方で，酸化物半導体や有機半導体を用いた新材料による TFT が登場
し，フレキシブルディスプレイやセンサ応用など TFT の活躍の場が急速に広
がっている．**表2.3** はシリコン，有機，酸化物各 TFT を要求される各項目に
ついて比較したものである．シリコンはこれまでに TFT や LSI としての長期
に渡る研究開発の実績があり，微細・集積化，応答性，素子寿命・信頼性とい
う点で有機や酸化物と比較して優れている．また，これらの材料の中では唯
一，CMOS 作製が可能であり，**SoP**(system on panel)としての応用分野が広
がる．有機半導体は**ペンタセン**(pentacene)等の低分子系と polyphenylene vi-
nylene や polyfluorene 誘導体等の高分子系に分類され，シリコンや酸化物半
導体と比較すると，フレキシビリティー(たわみ性)，ストレッチャビリティー
(伸縮性)に優れており，また高分子系では発光特性も確認されており，フレキ
シブルディスプレイ，センサーへの応用が期待されている．なお，ペンタセン
については，本書では 2-4 章に取り上げる．製造方法は塗布印刷プロセスが検
討されており，低コスト化が可能である．酸化物半導体はシリコン，有機半導
体と比べ，唯一，透明性をもつ．これまで使用されていた透明導電膜の **ITO**
(indium tin oxide)の主原料であるインジウムが希少金属であることから，こ
れに代わる ZnO 系が検討されている．移動度は〜$10\,\mathrm{cm^2\,V^{-1}s^{-1}}$ であり a-Si

表 2.3 各 TFT の比較.

	シリコン	有機半導体	酸化物半導体
フレキシビリティー	△	○	△
ストレッチャビリティー	×	○	×
透明性	×	×	○
微細・集積化	○	△	△
応答性	○	×	△
製造コスト	×	○ (塗布・印刷)	△
寿命・信頼性	○ (CMOS)	× 主に p-MOSFET	△ 主に n-MOSFET
応用分野	システム・オン・パネル	フレキシブルディスプレイ，センサー	ディスプレイ，ペーパー FET

に比較して約 10 倍である．駆動素子に非晶質 **IGZO**(In-Ga-Zn-O)**TFT** を用いた 70 型の液晶パネルも発表されており，酸化物系の研究開発進度は著しく速い．

　次に，**SOI**(silicon on insulator)**MOSFET** について説明する．これも TFT と同様に絶縁膜の上に Si 層を形成する技術であり，TFT と異なるのは作製された Si 層が単結晶であることである．最近では，以下の方法が開発され実用化されている．（1）絶縁膜埋め込み法：絶縁膜を単結晶中に埋め込むという方法であり，具体的には，イオン注入により酸素原子を Si 中に導入して SiO_2 を形成する **SIMOX**(separation by implanted oxygen)**法**がある．（2）貼り合わせ法：これは**スマートカット**(smartcut)**法**と呼ばれており，酸化膜を表面に形成したウエハに水素イオンを注入し，活性領域をもつウエハと高温下で貼り合わせ，酸化膜の付いたウエハの水素の注入された領域で破砕し，そのあと **CMP**(chemical mechanical polishing)により鏡面研磨する方法である．

　SOI 上に形成された MOSFET の特性について説明する．単結晶層が厚い場合と薄い場合で特性が異なり，薄くすることにより，MOSFET の高性能化を

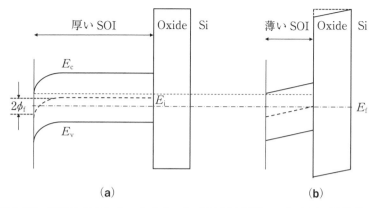

図2.27　SOIのポテンシャル分布.（a）SOI層が厚い,（b）SOI層が薄い.

はかれる. SOI層が厚い場合の特徴はキンクを生じ,駆動力も小さいことである. これらが,SOI層を薄くすることにより改善される. SOI層が厚い場合,ソース・ドレイン周囲,ゲート直下の一部が空乏化される. この場合,ドレイン近傍でインパクト・イオン化により生じた正孔が基板に蓄積し,ソース・ドレインと共に,n^+pn^+バイポーラ構造を形成し,チャネル以外の新たな電流経路を作る. この電流はドレイン電圧印加後しばらくしてから生じる現象であり,この経路による電流立ち上がりはチャネルを流れる電流よりも遅れ,キンクとなって現れる. SOI層が薄い場合,完全空乏化を生じ,SOI層にポテンシャル分布を生じ,正孔の蓄積を生じない. このため,バイポーラ効果もなく,電流電圧特性にキンクを生じない. **図2.27**（a）,（b）は,各々,SOI層が厚い場合,薄い場合のポテンシャル分布を表す. SOI層が厚い場合は,ゲート印加電圧の効果が絶縁膜には及ばないが,薄い場合は,ゲート印加電圧の効果が絶縁膜にも及ぶ. そのため,ゲート直下の半導体層を反転させる場合の半導体側のバンド曲がりによる電界が,SOI層が薄い場合の方が小さくなる. すなわち,表面に垂直方向の電界はSOI層が薄い場合の方が小さく,それにより電界効果移動度は大きくなる. 電流電圧特性の立ち上がりが大きくなる.

━ one point 3 CMOS インバータ ━

　MOSFET は 1970 年代から P-MOSFET, N-MOSFET を経て，1980 年代に
なり，低電力化の波が押し寄せ，**相補型**(complementary)**MOSFET**(CMOS-
FET)が使用されるようになった．一例として **CMOS インバータ**(inverter)を
図 2p.2 に示す．1 つの基板の上に P-MOSFET と N-MOSFET の両方を作製
したものである．図では p-Si 基板に N-MOSFET を作り，n 型不純物を添加し
た **N ウエル**(well)に P-MOSFET を作る．なお，図ではわかりやすくするた
め，LOCOS 等 の 記述 は 省略 して，概念 的 に 描 い てある．ここで，
V_{DD}, V_{IN}, V_{OUT} は，各々，電源電圧，入力電圧，出力電圧を示す．CMOS イ
ンバータの動作を考える．**図 2p.3**(a)，(b)，(c)は，各々，回路図，入出
力電圧特性，ドレイン電流-入力電圧特性を示す．(a)において V_{TP}, V_{TN}
は，各々，P-MOSFET と N-MOSFET のゲートしきい値電圧を示しており，
$V_{DD} > V_{TN} + |V_{TP}|$ なる関係が成り立っているとする．V_{IN} の大きさを以下の
ように場合分けをすることにより(b)，(c)に示すような特性を得られる(詳
細は 2-1 引用文献[9]を参照)．

(ⅰ) $0 < V_{IN} < V_{TN}$

(ⅱ) $V_{DD} - |V_{TP}| < V_{IN} < V_{DD}$

(ⅲ) $V_{TN} < V_{IN} < V_{DD} - |V_{TP}|$

この例でわかるように，CMOS では信号が変化する遷移領域のみしか電流が
流れないことから**低消費電力**を実現できる．CMOS はこのように低消費電力
という大きな長所をもつが，**ラッチアップ**(latch up)**現象**という宿命的な短所
ももつ．この現象は，電源 V_{DD} に接続された P-MOSFET のソース，N ウエ
ル，p-Si 基板，N-MOSFET のソースにより p^{+}-n-p-n^{+} 寄生サイリスタ構造

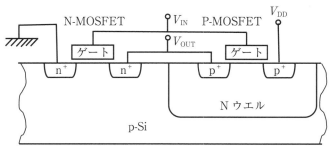

図 2p.2 CMOS インバータの断面図．

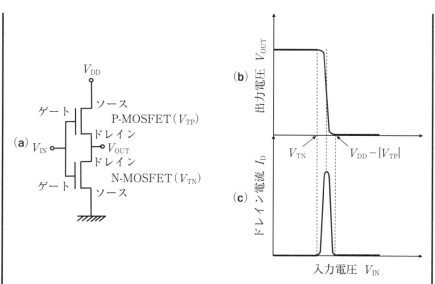

図 2p.3　CMOS インバータの回路図と特性図．（ a ）回路図，（ b ）入出力電圧特性，（ c ）ドレイン電流-入力電圧特性．

が形成され，適当な条件の基で電源 V_{DD} からアースに貫通電流が流れ続けるという現象が起こる．ラッチアップ現象を回避するために，低抵抗基板上にエピタキシャル層を形成し，エピタキシャル層の中に CMOS を形成することがなされている．低抵抗基板を使用することにより，抵抗 R が小さくなり，p^+np バイポーラトランジスタのエミッタ・ベース間電圧が小さくなることにより，トランジスタがオンしにくくなる（付録 11 参照）．

(2)-5 単一電子トランジスタ

電極/トンネル絶縁膜/電極からなる系において，容量面積が十分大きい場合
は，$E_C = Q^2/2C$（Q：蓄積電荷量，C：容量）で表される静電エネルギーは非
常に小さい．それゆえ，電子1個がトンネルすることによる静電エネルギーの
変化は室温の熱エネルギー $k_B T_R$ よりも小さくなり，トンネリングは可能であ
る．しかし，容量面積が小さくなると，容量 C が小さくなり，静電エネル
ギーは大きくなる．そして，$E_C > k_B T_R$ なる条件が満たされるようになると，
もはや電子は熱エネルギーを得てトンネルすることは不可能になる．すなわ
ち，電子がトンネルすることにより，系のエネルギーが小さくなる条件が満足
されるまでトンネリングはできない．この現象を**クーロンブロッケード**（Cou-
lomb blockade）と呼ぶ．

今，クーロンブロッケードを生じる条件を求める．電子がトンネルを起こす
前の静電エネルギーを E_0，トンネルした後の静電エネルギーを E_1 とする．
E_0，E_1 は，各々，式(2.61)，(2.62)のように表される．

$$E_0 = \frac{Q^2}{2C} \tag{2.61}$$

$$E_1 = \frac{(Q-e)^2}{2C} \tag{2.62}$$

トンネル前後のエネルギー変化量 $\Delta E = E_1 - E_0$ は，式(2.63)で表される．

$$\Delta E = \frac{e}{C}\left(\frac{e}{2} - Q\right) = \frac{e^2}{2C} - \frac{eQ}{C} = E_C - eV_C \tag{2.63}$$

$\Delta E > 0$ の場合は，トンネル後の方がエネルギーが大きくなり，電子トンネル
は生じない．$\Delta E < 0$ の場合はトンネル後の方がエネルギーが小さくなり電子
トンネルを生じる．すなわち，$Q > e/2$ なる条件が満足されるまで，トンネリ
ングは阻止されることになる．電荷が $e/2$ になるまではトンネル後の静電エ
ネルギーは増加することになり，トンネルできない．しかし，$e/2$ を超える
と，トンネル後のエネルギーは減少し，トンネルが可能になる．**図2.28**(a)，

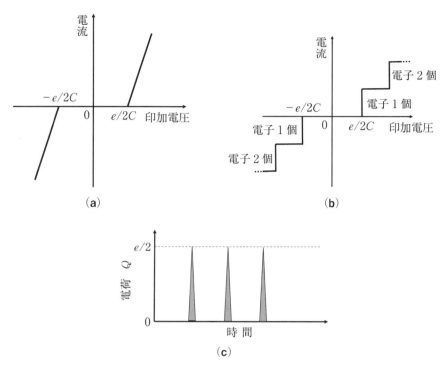

図 2.28　単一電子トンネル現象.（a）単接合電流-電圧特性,（b）多重トンネル接合電流-電圧特性,（c）単一電子トンネル振動.

（b）,（c）は,各々,単接合と多重トンネル接合の電流-電圧特性,および単一電子トンネル振動を示す.単接合においてはクーロンブロッケードが破れてトンネルした電子はそのまま電源に移動するため,帯電効果を生じにくい.トンネル抵抗 R_T に従い電流が流れる.一方,多重トンネル接合においては,電子はトンネル後,クーロン島にある時間閉じ込められるので,帯電効果を生じる.多重トンネル接合では**クーロンステアケース**（Coulomb staircase）と呼ばれる階段状になり,最初の階段は電子 1 個,次の階段は電子 2 個という具合にクーロン島への蓄積と電流が流れることによる流出が起こる.クーロン島に蓄積電子が n 個ある場合,その帯電エネルギー $(ne)^2/2C$ を超える電圧を印加しないとクーロン島の蓄積電子数は $(n+1)$ 個にならない.電圧を印加しても観

測できる電流は電子 n 個である．クーロンブロッケードが破れる，臨界電圧
V_C は，式(2.63)より $e/2C$ となる．なお，Q は真電荷ではなく実効的電荷で
あり分数値をとることができる．ここで，電圧印加された金属電極を仮定する
と，電子層と正電荷層が対向面に現れる．電子と正電荷の重心の距離（ΔX）
は表面電荷，すなわち実効電荷に比例する．そして，金属中の総電子数，また
は総正電荷数は ∞ と考えてよいから，ΔX はほぼ 0 から始まる連続値として
考えてよいことになる．単接合の場合，接合電荷が $e/2$ になるまではトンネ
ルをしないことから，定電流源で動作をさせると，図2.28（c）に示すような
規則的な振動をする．これを**単一電子トンネル**（single electron tunneling：
SET）**振動**と呼ぶ．

　図2.29（a），（b），（c）は，各々，微小トンネル接合を 2 個直列接続した
回路，2 個の微小トンネル接合の中間電極にゲート電極を接続した回路，およ
び電流-ゲート電圧特性の様子を示す．電源電圧を徐々に増加させて，
$Q > e/2$ になると，電子が C_2 をトンネルする．C_1 の電極の電荷はトンネルし
てきた電子のために $Q > e/2$ になり C_1 もトンネルし，クーロンブロッケード
が破れる．今，2 個の微小トンネル接合の中間電極にゲート電極を接続した場
合（これが単一電子トランジスタの一例でもある），チャネルに存在する電子を
n 個とすると，総電荷量は $-ne$[C] になる．ゲート対向電極に誘起された電
荷は $C_G V_G$[C] であり，この電荷はチャネルに存在する電荷の一部がゲートに
引き寄せられたと考えてもよい．そうすると，微小トンネル接合の静電エネル
ギー E は式(2.64)で表される．

$$E = \frac{(-ne + C_G V_G)^2}{2C} \tag{2.64}$$

$C_G V_G = 0$ の場合はクーロンブロッケードを生じる．$C_G V_G = e/2$ の場合は，式
(2.64)で $n = 0, 1$ で静電エネルギーが最小となり，クーロンブロッケードが破
れる．電極には，$n = 0$ のとき $e/2$，$n = 1$ のとき $-e/2$ の電荷が存在する．
$e/2$ の電荷があるときに下のトンネル接合から，電子がトンネルすると，電極
電荷は $-e/2$ になる．さらに，上のトンネル接合に電子がトンネルすると，

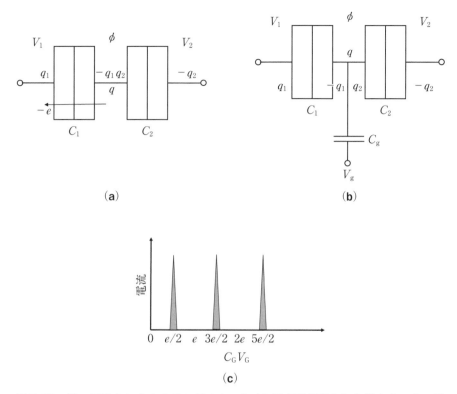

図2.29 単一電子トンネルトランジスタ.（a）2個直列接続された微小トンネル接合,（b）単一電子トランジスタの回路,（c）単一電子トンネルトランジスタの電流-電圧特性.

電極電荷は$e/2$になる.このプロセスを繰り返し,1電子トンネリングが連続して起こる.$C_{\mathrm{G}}V_{\mathrm{G}}=e$の場合は$n=1$で静電エネルギーが最小になり,再び,クーロンブロッケードを生じる.$C_{\mathrm{G}}V_{\mathrm{G}}=3e/2$の場合は,式(2.64)で$n=1,2$で静電エネルギーが最小となり,クーロンブロッケードが破れる.電極には,$n=1$のとき$e/2$,$n=2$のとき$-e/2$の電荷が存在する.$3e/2$の電荷があるときに下のトンネル接合から,電子がトンネルすると,電極電荷は$e/2$になる.さらに,もう1つ電子がトンネルすると,電極電荷は$-e/2$になる（$n=2$）.上のトンネル接合に電子がトンネルすると,電極電荷は$e/2$になる

($n=1$). 下のトンネル接合から，電子がトンネルすると，電極電荷は $-e/2$ になる（$n=2$）. このプロセスを繰り返し，1電子トンネリングが連続して起こる. この構造を有するトランジスタを**単一電子トランジスタ**(single electron tunneling transistor) と呼ぶ.

　図 2.29(a) において，クーロンブロッケードを生じる条件をもう少し具体的に調べる. 容量，電荷，電圧には式(2.65)の関係がある.

$$q_1 = C_1(V_1 - \phi), \quad q_2 = C_2(\phi - V_2), \quad -q_1 + q_2 = q \tag{2.65}$$

式(2.65)より ϕ は式(2.66)のようになる.

$$\phi = \frac{C_1 V_1 + C_2 V_2 + q}{C_1 + C_2} \tag{2.66}$$

クーロン島の全静電エネルギー U は，式(2.67)のようになる.

$$
\begin{aligned}
U &= \frac{q_1^2}{2C_1} + \frac{q_2^2}{2C_2} \\
&= \frac{1}{2}\{C_1(V_1 - \phi)^2 + C_2(\phi - V_2)^2\} \\
&= \frac{1}{2C_\Sigma}(C_1 C_2 V^2 + q^2)
\end{aligned}
\tag{2.67}
$$

ただし，$C_\Sigma = C_1 + C_2$，$V = V_1 - V_2$ である.

　クーロン島に n 個の電子が存在すると仮定すると，$q = -ne$ となり，1個の電子がクーロン島から容量1をトンネルして出る場合の静電エネルギーの変化 ΔU は式(2.68)で表される.

$$
\begin{aligned}
\Delta U &= U(n-1) - U(n) \\
&= \frac{(1-2n)e^2}{2C_\Sigma}
\end{aligned}
\tag{2.68}
$$

クーロン島の電位変化量，電荷変化量は，各々，$\Delta\phi = e/C_\Sigma$，$\Delta q_1 = -e(C_1/C_\Sigma)$，$\Delta q_2 = e(C_2/C_\Sigma)$ となる. このとき，各容量において，定電圧源

のする仕事は，各々，$W_1 = \Delta q_1 V_1 + eV_1 = eC_2 V_1 / C_\Sigma$，$W_2 = -\Delta q_2 V_2 = -eC_2 V_2 / C_\Sigma$ となる．それゆえ，全仕事量 W は，$W = eC_2 V / C_\Sigma$ となる．ただし，$V_1 = V/2$，$V_2 = -V/2$ の置き換えをしている．クーロンブロッケードを生じる条件は，$\Delta \varepsilon = \Delta U - W$ で表されるエネルギー変化量が，$\Delta \varepsilon > 0$ なる条件を満足する場合である．すなわち，条件の1つは式(2.69)が成立する範囲である．

$$\frac{e}{C_\Sigma} \left\{ e \left(\frac{1}{2} - n \right) - C_2 V \right\} > 0 \qquad (2.69)$$

次に，1個の電子が容量2をトンネルしてクーロン島に入る場合，同様に計算して，式(2.70)が成立する．

$$\frac{e}{C_\Sigma} \left\{ e \left(n + \frac{1}{2} \right) - C_1 V \right\} > 0 \qquad (2.70)$$

単電子トランジスタの場合はゲート電極が接続し，もう少し複雑な計算になるが，結果だけを示す．**図 2.30** は，単電子トランジスタのドレイン電圧とゲート電圧の関係を表す．実線以外の領域はクーロンブロッケードを生じ，電流は流れない．クーロンブロッケード領域の形状がダイアモンドに似ることから，

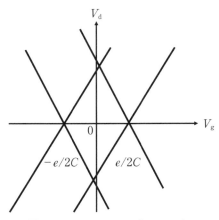

図 2.30 クーロンダイアモンド．

クーロンダイアモンドと呼ばれる.

(2)-6 集積回路

　集積回路はバーディーン(J. Bardeen), ショックレー(W. Shockley), ブラッテン(W. H. Brattain)のトランジスタの発明以降, 現在に至るまで, 70 年以上も微細化の研究・開発が続けられている. 今や, MOSFET のゲート寸法はナノ領域に入ろうとしている. ここではこのような微細化を行う上での規則である **比例縮小則**(scaling rule)について説明する. すでにバイポーラトランジスタ, MOSFET の単体素子としての動作原理を学んだのであるが, 集積回路として作製すると様々の要因が入り, これらに関して理解を深める必要がある. 半導体による **動的任意番地書き込み読み出しメモリ**(dynamic random access memory:DRAM)は, 1971 年に米国インテル社によって 1 キロビット(kilo bit, kb)のものが初めて実用化されて以降, 1965 年に提唱された「ムーア(Gordon Moore)の法則」に従い 3 年毎に 4 倍の速さで高集積化されてきた. DRAM が高集積化の先導役となり, **マイクロプロセッサ**(microprocessor)の集積度も大きくなっていった. 比例縮小則の基本的な考え方は, 縮小後の素子内部における電界分布が縮小前の電界分布と等しくなるように, 素子寸法, 電圧, 不純物濃度を比例して小さくしたり大きくしたりするということになる. チャネル長 L, チャネル幅 W, ゲート酸化膜厚 T_{OX}, 接合深さ X_j, 電源電圧 V は, 全て $1/K$ になるが, 基板不純物濃度 N のみ K 倍になるということである. このような縮小化をすると, 電界分布が縮小前後で一定になることはポアッソンの式から明らかである. 縮小前後の電圧, 寸法, 基板濃度を, 各々, V_0, $V_1(=V_0/K)$, X_0, $X_1(=X_0/K)$, N_0, $N_1(=N_0K)$ とする. 縮小後のポアッソンの式は, 式(2.71)で表される.

$$d^2V_1/dX_1^2 = -(e/\varepsilon)N_1 \tag{2.71}$$

縮小後の電界 E_1 を求めると,

$$E_1 = -dV_1/dX_1$$

$$= \int (e/\varepsilon) N_1 \, dX_1$$

$$= \int (e/\varepsilon)(N_0 K) \, d(X_0/K)$$

$$= E_0 \tag{2.72}$$

式(2.72)で表されるように E_0 となり，縮小後の電界は縮小前の電界に等しくなることがわかる．すなわち，縮小前後の電界分布が同じで，縮小前の素子が正常動作していれば，縮小後の素子も正常に動作するはずである．チャネル走行中の電子がドレインに飛び込むときの速度は $\boldsymbol{v}_e = \mu_e \boldsymbol{E}$ で表され，電界 $\boldsymbol{E}$ が縮小前後で変化しないことから，チャネルのドレイン端での電子速度も変化せず，Si 原子との衝突による電子・正孔対の生成頻度は縮小前後で同じであるので劣化を生じない．電流-電圧特性は電流値，電圧値共に $1/K$ に縮小される．

比例縮小則に基づいて微細化すると，高速化，低消費電力化を図れる．消費電力は電圧 × 電流（VI）と表され，電圧，電流共に，$1/K$ に縮小されるので $1/K^2$ となる．また速度は RC 時定数を考えると，$1/K$ となる．

ところが，実際には，電圧だけは世代交代に伴い低電圧化しない．周辺のシステムとの整合性から2〜3世代毎に電源電圧低下がなされるのが実状である．このため当然ながら，素子動作にも弊害を生じる．第一は，MOS トランジスタの**短チャネル効果**である．第二は，配線に利用されるアルミニウムの**エレクトロマイグレーション**（electromigration）である．これは電圧一定では配線に流れる電流密度が大きくなり，配線内部に微小な**ボイド**（void）を生じるとさらに電流密度が大きくなり，ボイドが成長し，最後に破断に至る現象である．短チャネル効果とは以下の現象である．第一は，しきい値電圧の低下である．チャネル両端の空乏層の電界をソース・ドレインの電界によると考えると，式(2.36)で表される空乏層の空間電荷量 Q_s も小さくなるからである．第二はソース・ドレイン耐圧の劣化である．チャネル長が短くなることにより，ドレイン空乏層がソースに近付き，ドレイン空乏層とソース空乏層がつながる．この状態では，ドレイン電界がソース側に影響して，ソース近傍の拡散電位を下

げるため，過剰電流を生じる．さらに，ソース・基板・ドレインに寄生バイポーラ構造(npn)が形成され，ソースから基板に電子が流れ込みドレイン電流の増加を引き起こし，劣化に至る．これを**寄生バイポーラ効果**と呼ぶ．ドレイン近傍でチャネル中の電子は高エネルギー状態になり，Si 格子に衝突し，なだれ増倍を生じ，多数の正孔，電子を生み出す．電子はドレインに流れ込んだり，高エネルギーを得てゲート酸化膜に注入されたりするが，正孔は大部分が基板電流となる．基板抵抗のため，ドレイン近傍から基板底部に至る電圧降下を生じる．ソースと p-Si 基板との間で順方向状態となり電子注入を生じる．この注入電流はバイポーラ動作でそのままドレインに流れ込む．第三は，**サブスレッショルド**(subthreshold)**特性**の劣化である．チャネル直下にソース・ドレインの空乏層が張り出してくるため，その電界がゲート電界の効果よりも大きくなり，ゲート電圧による制御性が悪くなるのである．第四は，ゲート酸化膜の**ホットキャリア**(hot carrier)**劣化**である．第二でも少し述べたが，ドレイン近傍が高電界になると，チャネルを走行してきた電子は大きなエネルギーを得て，直接ゲート酸化膜中に注入されたり，またはドレイン近傍で**アバランシェ**(avalanche)を生じ，発生した正孔・電子対の電子がゲート酸化膜中に注入され，ゲート酸化膜が劣化する．近年ではムーアの法則をさらに突き詰めていくという考え方(More Moore)と，新しいデバイス，材料，システムに関する概念でムーアの法則の目指すところを実現するという考え方(More than Moore)に二極化して研究開発がなされている．

(2)-7　フラッシュメモリ

IC メモリを大きく分けると**シリアル・アクセス・メモリ**(serial access memory：SAM)と**ランダム・アクセス・メモリ**(random access memory：RAM)に分かれる．SAM は番地を順番に選択する．RAM は任意番地を選択する．さらに RAM は，書き込み，読み出し可能な，**ランダム・アクセス・リード・ライト・メモリ**(random access read write memory)と読み出しのみ可能な**ランダム・アクセス・リード・オンリー・メモリ**(random access read only memory：ROM)に分かれる．ランダム・アクセス・リード・ライト・メ

one point 4　サブスレッショルド係数

　短チャネル効果を抑制する構造が提案・研究されている．例えば，代表的なものとしては，**LDD**(lightly doped drain)**構造**がある．これは，ソース・ドレインに直列に $\mathrm{n^-}$ 層を形成して，ここでの電圧降下によりチャネルでの電圧降下を小さくして，ドレイン近傍で高電界になることを抑止する．サブスレッショルド特性について補足する．この特性は弱反転状態においても界面近傍には電子が誘起されておりわずかな電流が流れることによる．サブスレッショルド電流が大きいとスイッチング特性が悪くなる，待機電流が大きくなる等の現象を生じる．サブスレッショルド特性の程度を表す定数として**サブスレッショルド係数**(S : subthreshold swing)がある．これはサブスレッショルド領域において電流を1桁減少させるために必要な電圧として定義される．この値が小さいほど，良好な特性といえる．サブスレッショルド係数は式(2p.9)のように表される．

$$S = \ln 10 \times \frac{k_\mathrm{B} T}{e}\left(1 + \frac{C_\mathrm{D}}{C_\mathrm{OX}}\right) \tag{2p.9}$$

なお，$C_\mathrm{D}, C_\mathrm{OX}$ は，各々，空乏層容量，酸化膜容量を示す．サブスレッショルド係数の極限は $C_\mathrm{OX} \to \infty$ となるとき，すなわちゲート酸化膜が0に限りなく近付く場合である．このとき，$S \approx 60$ [mV] になる．理論上この値より小さくすることはできない．しかし近年，$\mathrm{HfO_2}$ 等の強誘電体膜をゲート絶縁膜として応用した**負性容量トランジスタ**(negative capacitance FET)が提案され，60 mV より小さな S 値が報告されている．

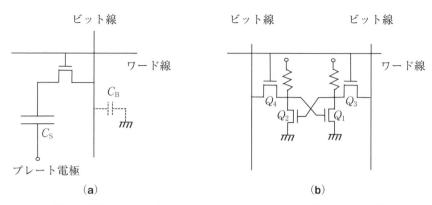

図 2.31 動的, 静的メモリ. (a)DRAM メモリセル, (b)SRAM メモリセル.

モリは**ダイナミック型**(dynamic RAM:DRAM)と**スタティック型**(static RAM:SRAM)に分かれる. DRAM のダイナミックは情報の記憶に容量を使うため, 蓄積電荷量が時間と共に変化することに基因しており, それに対して, SRAM のスタティックは情報の記憶が一定の大きさの電圧を印加することにより永久になされることに基因する. DRAM では, 一定の時間毎に再書き込みのための**リフレッシュ**(refresh)動作を行う. **図 2.31**(a), (b)は, 各々, DRAM, SRAM の**メモリセル**(memory cell)の基本回路を示す. DRAM セルは1トランジスタ/1 キャパシタ型であり, 情報を保持する MOS キャパシタと, 情報の書き込み, 読み出しのスイッチの役割をする MOS トランジスタから構成される. 任意の**ワード線**(word line:WL)と**ビット線**(bit line:BL)を選択することにより, WL のトランジスタがオン状態になり, キャパシタに情報を書き込む, あるいはキャパシタに書き込まれた情報を BL に読み出す. BL に読み出された情報は, 電位は小さいので**センスアンプ**(sense amplifier)により増幅する. SRAM は2個のインバータが, それぞれの出力が他方の入力に入るように接続された構造であり, 図の構成の場合は4個のトランジスタと2個の抵抗からなる. 例えば, WL のトランジスタ Q_3, Q_4 がオン状態になり, Q_1 に高電位, すなわち"1"の信号が加わると, インバータの出力は"0"になり, この出力が, もう一方のインバータの入力, すなわち Q_2 の

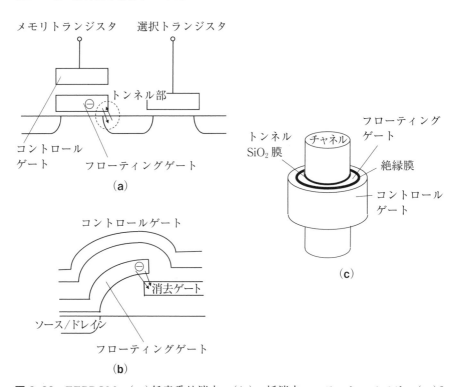

図2.32　EEPROM.（a）任意番地消去，（b）一括消去：フラッシュメモリ，（c）3次元フラッシュメモリの1セル.

ゲートに印加され，このインバータの出力は"1"となり，情報は自己保持される．メモリセルの素子数が少ないことから，高集積化はDRAMの方が進んでいるが，SRAMの方がリフレッシュ動作を必要とせず使いやすい．

　図2.32（a），（b），（c）は，各々，任意番地の情報を電気的に消去できる**EEPROM**（electrical erasable programable ROM）のメモリセル，**フラッシュ**（flash）**EEPROM**の初期の平面構造メモリセル，および高集積化に対応できる縦型構造の3次元フラッシュEEPROMメモリセルを示す．EEPROMはメモリ用トランジスタと選択用トランジスタから構成されており，メモリ用トランジスタはフローティングゲート型である．フローティングゲートと拡散層の間の電圧の極性によりトンネル電流の向きが逆になり，情報の書き込み，消去が

可能である．フラッシュ EEPROM は電気的に一括消去が可能である．平面型はコントロールゲート，フローティングゲート，および消去ゲートをもち，1ビット当たり1トランジスタで構成されており，3ゲートをもつ構成になっている．ソース，ドレインは紙面垂直方向に，フローティングゲートを挟むように存在する．書き込みはホットエレクトロン注入により，消去はフローティングゲートから消去ゲートへの電界放出による．縦型は Si 基板に開口されたホールの側面にトランジスタが形成される．ホール自体は，例えば Poly-Si を充填することによりチャネルとして働き，その周囲にトンネル SiO_2 膜，フローティングゲート(例えば電荷を保持しやすいことから**酸窒化膜**(Oxide-Nitride-Oxide：**ONO**))，絶縁膜，コントロールゲート(例えばタングステン，W 等)が作製される．フラッシュ EEPROM は消去ゲートが全ビット共通に配置されているため，全ビット一括消去ができる．

2-2　化合物半導体とトランジスタ

　近年，自動車，電車等に大電力用デバイスとして GaAs，GaN，SiC 半導体薄膜が検討されている．GaAs，GaN，SiC 半導体薄膜とそれらを応用したパワートランジスタ特性について説明する．

(1)　ガリウム砒素系 HEMT（GaAs：$Ga4s^2\ As4s^24p^3$）

　ガリウム砒素トランジスタは当初，接合型が開発されたが，1970 年代にベル研究所において GaAs を使った **2 次元電子ガス**（2-dimensional electron gas：2DEG）の研究が進められた．それらの成果を応用して，1980 年初頭に**高電子移動度トランジスタ**（high electron mobility transistor：**HEMT**）が発表された．**図 2.33**（a），（b），（c）は，各々，HEMT の活性層の断面図，エネルギー帯図，および 2DEG の電子移動度と温度の関係を示す．半絶縁性 GaAs 基板に，アンドープ（undope）GaAs 層，Si ドープ $Al_XGa_{1-X}As$ 層をもち，その上にソース，ゲート，ドレインをもつ．Si ドープ $Al_XGa_{1-X}As$ 層は電子の供給源であり，$Al_XGa_{1-X}As$ 層表面準位と，電子親和力の大きいアンドープ GaAs 層に供給される．GaAs 層に供給された電子は 2DEG となる．GaAs 層/$Al_XGa_{1-X}As$ 層界面は三角ポテンシャルを形成するため，GaAs 層に供給された電子は三角ポテンシャルにおいて，膜厚方向に量子化される．そのため，電子の自由度が 1 減ることになる．低温において，高移動度を実現している．この理由は 2 つ考えられている．第一に，2DEG の形成されている領域はアンドープ GaAs 層であり，不純物濃度が小さく，電子が不純物イオンによる散乱を受けないためである．不純物イオンによる散乱は，一般には，フォノン散乱の効果が小さくなる低温において特に顕著になるのであるが，図 2.33（c）の関係が示すように，HEMT においてはこの影響はない．第二に，電子の次元が小さくなるに従い，散乱確率も小さくなることがあげられる．**図 2.34**（a），（b）は，各々，3 次元，2 次元 k 空間における等エネルギー面を示す．等エネ

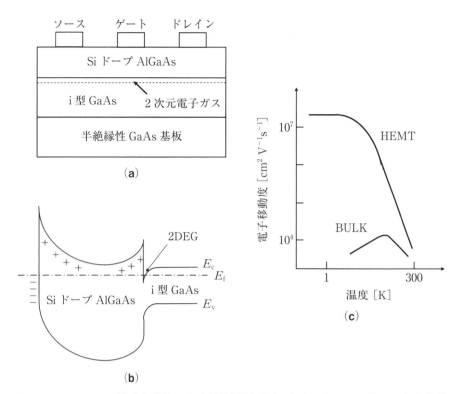

図 2.33 HEMT の構造と特性．（a）活性層断面図，（b）エネルギー帯図，（c）移動度の温度依存性．

ルギー面は 3 次元電子では球面であり，2 次元電子では円になる．表面近傍のある大きさのエネルギー準位数は，球面の方が円より大きい．弾性散乱を受けた場合を仮定すると，遷移後の準位数は球面の方が円より大きいので，遷移確率も大きい．ところで，半絶縁性 GaAs 基板への，アンドープ GaAs 層，Si ドープ $Al_xGa_{1-x}As$ 層の形成は**分子線エピタキシャル成長**（molecular beam epitaxy：**MBE**）**法**により行われており，MBE は HEMT 以降の超格子素子の研究・開発の原動力ともいえる．超格子素子の定義をド・ブロイ波長程度の膜厚の層が交互に積層したものとすると，HEMT は厳密な意味においては超格子素子の定義からはずれるのであるが，その入り口と位置付けられている．

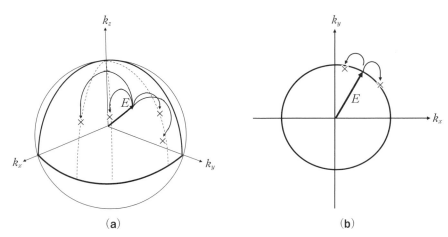

図 2.34 2 次元，3 次元における遷移確率の違い．（a）3 次元 k 空間：球，（b）2 次元 k 空間：円．

(2) 窒化ガリウム系 HEMT（GaN : Ga4s^2 N2s^{2}2p^3）

　近年，GHz 帯の超高周波，高出力，かつ高温動作を実現する目的で窒化ガリウムを用いたトランジスタの研究・開発がなされている．材料としての特徴は，Si や GaAs と比較して禁制帯幅が大きく $E_g = 3.4$ eV であり，さらに電子移動度が大きいことである．ちなみに，絶縁破壊電界は 3×10^6 V cm^{-1}，チャネル電子移動度は 2000 cm^2 V^{-1}s^{-1}，また電子飽和速度は 2.6×10^7 cm s^{-1} に達する．一般に超高周波動作を実現するには相互コンダクタンス（g_m）を大きくすればよい，すなわちトランジスタのゲート長を小さくすればよいのであるが，LSI に使用されている Si では絶縁耐圧が小さいため，電源電圧も下げる必要があり，超高周波動作と高出力動作を同時に実現することは材料的に不可能である．**図 2.35**（a），（b）は，各々，GaN をチャネルに用いた AlGaN/GaN ヘテロ構造の電界効果トランジスタの断面構造，および 2DEG の電子移動度，電子面密度と温度の関係を示す．AlGaN/GaN 界面に高密度の 2 次元電子ガス層（2DEG）を作ることができ，これが伝導に寄与する．界面に高密度の 2DEG を作る理由として以下のことが挙げられる．**図 2.36** は，GaN

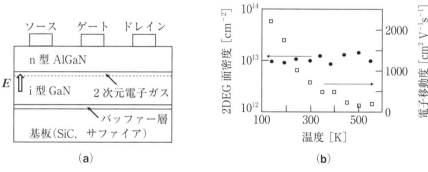

図 2.35 GaN トランジスタの構造と特性．（ a ）活性領域断面，（ b ）電子移動度と 2DEG 面密度．

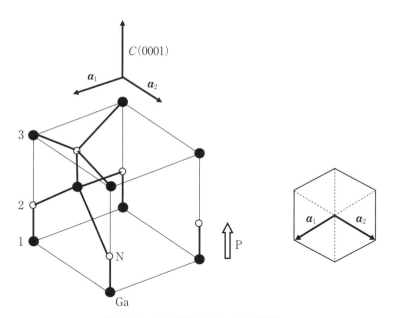

図 2.36 Ga 極性の場合の結晶構造．

の結晶構造を示す．**ウルツ鉱型**（wurtzite）結晶構造であり，Ga は 4 配位結合 をもつ．図は Ga 極性 GaN を示しており，矢印方向に分極 P を生じる．Ga 原 子は正に帯電，N 原子は負に帯電し，C 軸方向に存在する両原子はクーロン引 力のためわずかなずれを生じ，Ga から N に向かう分極を生じる．例えば，原

子 1-2 間と原子 2-3 間では分極方向が逆になるが，原子 1-2 間の方が距離が短くクーロン引力は大きく，この分極方向が支配的になる．これを**自発分極**と呼ぶが，Ga 原子と N 原子の電気陰性度の差により，Ga 原子は正に帯電しやすく，N 原子は負に帯電しやすいこと，および Ga の原子半径 (130 pm) と N の原子半径 (65 pm) で差が大きいことのため，歪みを生じることも自発分極をより活性にする．なお，図で Ga 原子と N 原子が位置交換をすると，N 極性となり分極方向は逆になる．2DEG を形成する第一の理由として，自発分極をもつことが挙げられる．例えば，図 2.36 に示す Ga 極性の場合，界面には 2 次元電子ガスが形成される．図 2.35 (a) に示すような向きに電界を生じ，ヘテロ界面に負電荷を誘起する．第二に GaN は圧電効果をもつことが挙げられる．GaN に格子定数の小さい AlGaN を形成すると AlGaN に引張歪みを生じ，界面に**圧電分極**の電界を生じ電子を誘起する．以上の理由のため，初期にはノーマリオン型の素子が主に開発された．なお，2 次元電子ガス密度は Al の組成を調整することにより制御できる．

さて，電源としての使用を考えるとノーマリオフ型の素子の開発は必須となる．**図 2.37** (a)，(b) は，各々，ゲート電極部の AlGaN 層を薄くした**リセスゲート構造**のトランジスタ，およびそのドレイン電流-ソースドレイン電圧

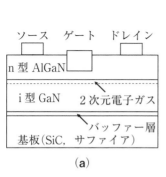

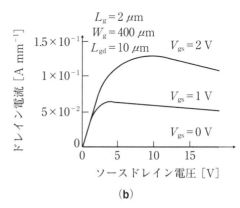

(a)   (b)

図 2.37 リセス型 GaN トランジスタの構造と特性．(a) 活性領域断面図，(b) ノーマリオフ型電流-電圧特性．

(I_d-V_{ds})特性を示す. AlGaN 層が数 nm 程度で界面の 2 次元電子ガスが存在しなくなり, しきい値 V_t がほぼ零になる. また, I_d-V_{ds} 特性から良好なノーマリオフ特性を示すことがわかる.

さて, 一般的に AlGaN/GaN ヘテロ構造トランジスタには以下の問題がある. 第一は高耐圧化を実現するためにゲート/ドレイン電極間距離を大きくしなくてはならない. このことはチップの小型化を制限する. 第二はドレインに高電圧を印加した場合の**電流コラプス**という現象である. AlGaN の表面準位に捕獲された電子により, チャネル電子の走行が妨げられるため, チャネル抵抗が増加し, 電流が小さくなる. この表面準位は深いので放出には時間を要する. AlGaN の表面準位に捕獲される素過程は以下の 2 つが考えられている. 第一は, ドレイン端の GaN に空乏層が形成され, この中で加速された電子が AlGaN/GaN のエネルギー障壁を乗り越え, AlGaN の表面準位に捕獲される. 第二は, ゲート電極から注入された電子が AlGaN の表面準位を形成する. チップの小型化への制限, および電流コラプスを解決するために従来の横型から縦型構造のトランジスタが開発されている. **図 2.38** は, 縦型構造のトランジスタを示す. ソース/チャネル/ドレインが基板に垂直に形成されており, チャネル長は膜厚で決まるため, 微細化も可能になりデバイス面積は横型の 1/8 を実現している. また, 横型のように表面に露出するチャネル部分が少なく AlGaN の表面準位を形成しないため, 電流コラプスも抑制している.

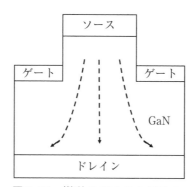

図 2.38 縦型 GaN トランジスタ.

─ one point 5　2次元伝導 ─

　2次元結晶の量子状態について説明する．2次元結晶の場合，一辺の長さが L_x，L_y の長方形を考え，各境界条件はゾンマーフェルトの金属模型と同じとすると，エネルギーは式(2p.10)で表される．

$$E = \frac{h^2}{8\pi^2 m} k^2 = \frac{h^2}{8\pi^2 m}(k_x^2 + k_y^2) \tag{2p.10}$$

ここで，$k_x = \dfrac{\pi}{L_x} n_x$，$k_y = \dfrac{\pi}{L_y} n_y$ である．

　エネルギー幅 dE の中に存在する準位数を $dn_z dn_y$ とすると，2次元結晶の場合，状態密度 $D(E)$ は式(2p.11)のように表される．

$$D(E) = 2 \times \frac{dn_x dn_y}{dE} \times \frac{1}{L_x L_y} \tag{2p.11}$$

2次元結晶の場合，k と $k + dk$ の間に入る状態の数は円周の幅 dk のドーナツ状領域面積に相当するので，式(2p.12)のようになる．

$$2\pi k dk \times \frac{1}{4} = dk_x dk_y \tag{2p.12}$$

　式(2p.10)，(2p.11)，(2p.12)より，式(2p.13)が導かれる．

$$D(E) = \frac{4\pi m}{h^2} \tag{2p.13}$$

　図2p.4 は2次元結晶の状態密度とエネルギーの関係を示す．2次元結晶ではエネルギーに依存しない一定値をとることがわかる．

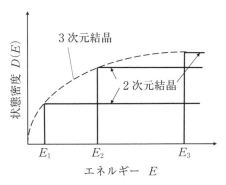

図2p.4　2次元結晶の状態密度．

(3) シリコンカーバイド MOSFET (SiC : Si3s^{2}3p^2 C2s^{2}2p^2)

2-2 節(2)の GaN 同様，高耐圧素子として，シリコンカーバイド(SiC)を用いたトランジスタの研究が盛んである．ここで，パワートランジスタとして，その前身の **DSA**(diffusion self-alligned)**MOS トランジスタ**について説明する．**拡散自己整合**とは，2 種類の不純物原子の拡散特性の差を利用して，二重拡散構造を作製することを意味する．**図 2.39** は，DSAMOSFET の断面図を示す．n$^+$ 基板に n-Si エピタキシャル膜を成長後，ホウ素(p 層)とリン(n$^+$ 層)をイオン注入，または選択拡散により導入し，熱拡散によりチャネルを形成する．バイポーラトランジスタと同様に二重拡散を用いており，チャネル長が 2 種類の不純物の拡散長の差として決まるため，高精度の素子作製が可能である．素子動作は以下である．ゲート電圧への印加により p 層表面が反転しチャネルを形成する．電子はチャネル走行後，n-Si エピタキシャル膜を基板面に垂直方向に移動してドレイン電極に到達する．パワートランジスタとして重要なパラメータはオン時における直列抵抗 R_{on} であり，n-Si エピタキシャル膜の厚さが

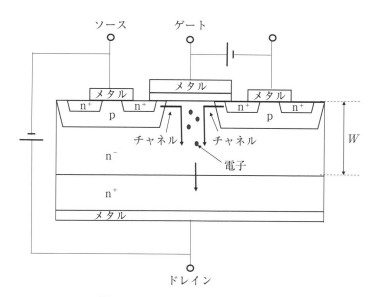

図 2.39 DSAMOSFET の断面図.

影響する．R_{on} は式(2.73)で表される．

$$R_{\mathrm{on}} = \frac{W}{q\mu C_{\mathrm{B}}} \tag{2.73}$$

ここで，W，μ，C_{B} は，各々，エピタキシャル層の厚み，移動度，n-Si エピタキシャル層の不純物濃度を表す．R_{on} を小さくするためには W を小さくする必要がある．W を小さくするためには，絶縁耐圧の大きな材料が必要であり，SiC は Si に比べ大きな値をもち，SiC が検討されている．**図 2.40** に SiC の主な結晶構造を示す．SiC は非常に多くの結晶構造をもつが，電子応用として考えられるのは図示したものである．これら SiC の空間格子は立方晶系と六方晶系であり，単位構造は Si–C 結合である．3C-SiC は立方晶系の中の面心立方格子であり，ダイアモンド構造となる．2H-SiC，4H-SiC，6H-SiC は六方晶系である．なお，ここで数字は細密面，すなわち C 軸の繰り返し数を表し，C は cubic，H は hexagonal の略号である．4H-SiC(0001)面上に成長したエピタキシャル膜では，**マイクロパイプ**と呼ばれる C 軸方向に伝播した，直径 1-3 μm 程度の中空貫通欠陥を生じる．マイクロパイプの起源は C 軸方向の**螺旋転位**であり，式(2.74)で表される弾性エネルギーがしきい値を越すと転位線近傍の原子はなくなりパイプ状の穴を生じる．b は**バーガースベクトル**であるが六方晶系である SiC の場合，b は C 軸に平行な方向であり，弾性エネルギーは

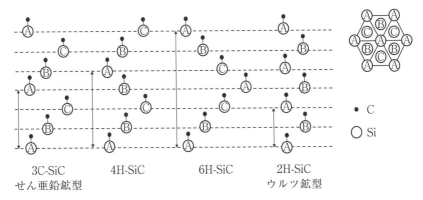

3C-SiC　　　4H-SiC　　　6H-SiC　　　2H-SiC
せん亜鉛鉱型　　　　　　　　　　　　　　ウルツ鉱型

図 2.40 SiC の主な結晶構造．

大きくなる. しかし, 近年, 特徴的な(0338)面を使い, マイクロパイプ密度を
低減することなどが提案されている.

$$E = G|\boldsymbol{b}|^2 \ln(R/r_0) \tag{2.74}$$

禁制帯幅に関しては結晶構造により若干異なった値をとるが, 4H-SiC では
$E_g = 3.26$ eV であり, 絶縁破壊強度も 2.8 MV cm^{-1} になる. さらに, 電子移
動度は 1000-1200 cm^2 V^{-1}s^{-1}, 電子飽和速度は 2.2×10^7 cm s^{-1} に達するこ
とから, 4H-SiC がデバイス応用に適する. なお, Si の絶縁破壊強度は 0.3
MV cm^{-1} であり, 約 1 桁の差がある. さらに, 熱伝導性, 耐熱性, 耐薬品
性, 耐放射線性に優れている. 以上の点で, Si よりも小型, 低消費電力, 高
効率パワー素子, 高周波素子, 耐放射線素子として期待されている. 最近はハ
イブリッド自動車用の半導体向けに検討が活発になされており, これは, 低消
費電力, 耐熱温度が 400℃ と Si より高いので放熱装置を必要としないためで
ある. 横型の JFET の場合, チャネルとなる n 型層において空乏層がゲート
電極側からドレイン電極方向に伸びる. このため, ゲート電極近傍では高電界
になり電界集中による絶縁破壊を生じる. そこで, p 型層を入れ, 電界を緩和
する **RESURF**(reduced surface field)**構造**を導入した横型の MOSFET も提案
されている. **図 2.41**(a)は, RESURF 型 SiC-JFET の断面構造を示す. チャ

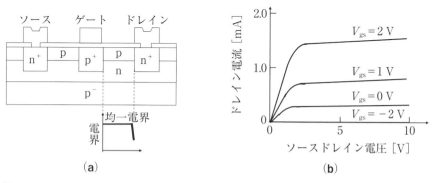

図 2.41 RESURF 型 MOSFET の構造と電気特性. (a)活性領域の断面構造, (b)
電流-電圧特性.

ネルとなる n 型 SiC 層が p 型 SiC に挟まれており，縦方向に pn 接合を形成する．空乏層は上下に伸びるので，ゲートからドレイン方向に均一な電界分布を作ることができる．また，ゲート電極近傍で高電界となることも回避できる．図 2.41(b)は RESURF 型 SiC-JFET のドレイン電流-ドレイン電圧特性を示す．飽和特性を示し，ドレイン電流がゲート電圧により制御されていることがわかる．

2-3 炭素系材料とトランジスタ

　炭素系材料とそれを応用したトランジスタについて説明する．カーボンフラーレンが始まりであるが，ここでは，トランジスタ応用に関する研究・開発が頻繁になされている，カーボンナノチューブ，グラフェンを取り上げる．特にグラフェンは層状半導体であり，単層における相対論的な電子状態に対応する電気特性の観測，複層にすることによる禁制帯の導入等の研究開発がなされている．高速トランジスタへの期待から，数多くの発表があり，その中から二例を取り上げる．

（1）　カーボンナノチューブとトランジスタ

　カーボンナノチューブ（carbon nanotube : CNT）は6つの炭素原子により作られる正六角形（六員環）をもとに，他の六員環と辺を共有してできた蜂の巣状の2次元格子が同軸の円筒状になった物質である．2次元格子の層数により1層の**シングルウォールナノチューブ**（single wall nanotube : SWNT）と**マルチウォールナノチューブ**（multi wall nanotube : MWNT）に分類される．カーボンナノチューブの直径は数10 nm〜1 nm以下であり，軽量，柔軟であることから，次世代の有望な炭素材料である．なお，平面状の2次元格子は2-3節(2)で説明するが，**グラフェン**（graphene）と命名されている．**図2.42**(a)は，**カイラルベクトル**（chiral vector ; C）と2次元六角格子の**基本並進ベクトル**（a_1, a_2）を示す．カイラルベクトルとはカーボンナノチューブの円筒軸に垂直に円筒面を一周するベクトルであり，グラフェンを巻いて円筒を作ることを考えると，グラフェン上の任意の六角形の中心同士を結んだベクトルを示す．カイラルベクトル（C）は基本並進ベクトル（a_1, a_2）を用いて式(2.75)で表される．

$$C = na_1 + ma_2 \tag{2.75}$$

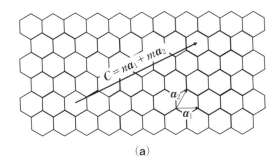

(a)

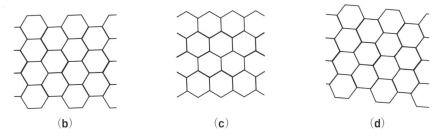

(b)   (c)   (d)

図 2.42　カーボンナノチューブの構造決定とその種類．（a）カイラルベクトル，
（b）アームチェア型，（c）ジグザグ型，（d）カイラル型．

　なお，n，m はカイラル指数であり，構造を決めるために使われる．

　図 2.42（b），（c），（d）は，3 種類のカーボンナノチューブの構造を示し，
各々，**アームチェア型，ジグザグ型，カイラル型**である．カイラル指数 n，m
に関し，$n = m$ の場合をアームチェア型，$m = 0$ の場合をジグザグ型と呼ぶ．
それ以外をカイラル型と呼んでおり，カイラル指数の差 $n - m$ が，3 の倍数
では金属の特性を示し，3 の倍数でないときは半導体の特性を示す．

　トランジスタ特性であるが，バックゲート型トランジスタにより調査された
例を以下に示す．CNT トランジスタの場合，ソース・ドレインとなる金属電
極の仕事関数と CNT のエネルギー帯構造が大きく影響してショットキー型の
伝導となる．金属によっては**両極性伝導**（ambipolar）を示す場合もある．**図
2.43**（a），（b），（c）は，電極金属の種類をパラメータとしたドレイン電流-
ゲート電圧特性，p 型伝導の場合のショットキー障壁近傍のエネルギー帯，n

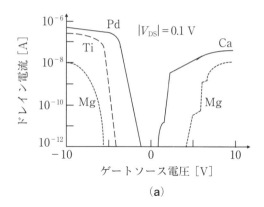

(a)

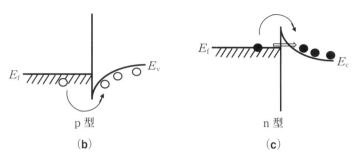

図 2.43　CNT トランジスタの電流電圧特性とその機構．（a）様々な金属を電極とした電流-電圧特性，（b）p 型ショットキー伝導のモデル，（c）n 型ショットキー伝導のモデル．

型伝導の場合のショットキー障壁近傍のエネルギー帯を示す．Ca 電極では n 型伝導，Pd，Ti 電極では p 型伝導，Mg 電極では両極性伝導を示す．Ca 電極では n 型エネルギー帯構造に示すように，電子が電極から熱活性化，またはトンネル過程(低温実験の結果から論文に示されている)で CNT に導入される．Pd，Ti 電極では p 型エネルギー帯構造に示すように，ホールが熱活性化により CNT に導入される．CNT トランジスタでは，チャネルを流れるキャリヤの移動は電極となる金属の仕事関数により決定されるが，電流駆動力はゲート電圧印加による電界効果が支配する．

(2)   グラフェンとトランジスタ

　グラフェンはベンゼン環が2次元的に規則正しく配列した構造を有し，シート状の正六角形の蜂の巣構造となる．図2.44(a)，(b)は，各々，グラフェンの原子構造，および第一ブリュアン帯を示す．単位格子は破線で囲まれた領域で，2つの炭素原子をそれぞれA，Bとする．グラフェンの結合は強固であり，炭素-炭素結合はs軌道，p_x軌道，p_y軌道からなるsp^2混成軌道，いわゆる，σ結合となり平面における角度が120度になるように配向する．伝導に寄与するのはp_z軌道がπ結合することにより作られるエネルギー帯(πバンドと呼ばれる)である．グラフェンの第一ブリュアン帯は図2.44(b)に示す通り

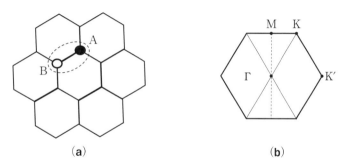

(a)   (b)

図2.44　グラフェンの構造とブリュアン帯．(a)原子構造，(b)ブリュアン帯．

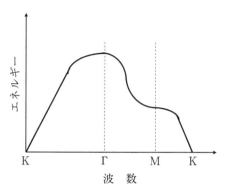

図2.45　エネルギー分散関係．

で，波数空間の原点を Γ，六角形の頂点を K，K'，各辺の中点を M とする．K-Γ-M-K のエネルギー分散関係は，**図2.45** に示すようになる．この図より次の3つのことがわかる．① K'，K 点近傍においてエネルギーが波数の一次関数になる．②伝導帯と価電子帯が K 点でつながっており，バンドギャップが0になる．すなわち，単層グラフェンでは禁止帯が形成されず，半導体的性質を示さない．③ K'，K 点近傍において有効質量も0になる．

ところで，電子の速度が非常に大きくなると（ただし，光速よりは十分に小さい），相対論的な領域に入り，エネルギーと運動量はアインシュタインにより以下の式で求められている．

$$E = \frac{m_0 c^2}{\sqrt{1 - \beta^2}} \tag{2.76}$$

$$p = \frac{m_0 v}{\sqrt{1 - \beta^2}} \tag{2.77}$$

ただし，$\beta = v/c$ である．ここで，m_0，c，v は，各々，電子の静止質量，光速 $(2.998 \times 10^8 \,\mathrm{m\,s^{-1}})$，電子の速度を表す．式(2.76)，(2.77)より，式(2.78)が導かれる．

$$E = \sqrt{m_0^2 c^4 + p^2 c^2} \tag{2.78}$$

式(2.78)において $m_0 = 0$ とおくと，静止質量が0の電子に対するエネルギーと運動量の関係が導かれ式(2.79)のようになる．

$$E = pc \tag{2.79}$$

すなわち，エネルギーと運動量の関係が一次関数の形になり，グラフェンにおける電子も K'，K 点近傍において相対論的な電子状態になっていることがわかる．現状，測定されている電子の速度は光速の数百分の一程度であるが，既存のトランジスタの速度をはるか超える値であり，グラフェンは魅力的な材料である．グラフェンの π 電子の挙動はシュレーディンガー方程式には従わず，

ディラック方程式に従う. 相対性理論においてはエネルギー E と運動量 p は4元運動ベクトル, 演算子を用いて式(2.80)のように表される.

$$\left(\frac{E}{c}, p\right) = \left(\frac{i\hbar}{c}\frac{\partial}{\partial t}, -i\hbar \nabla\right) \qquad (2.80)$$

p は, なお p_x, p_y, p_z からなる. $-i\hbar \nabla$ も同様である. 式(2.78)の右辺は, 乗じて p^2, または m^2c^4 になるのは, 各々, p, mc^2 であるので, 式(2.81)のように表される.

$$E = \sqrt{c^2p^2 + m^2c^4} = c\alpha p + mc^2\beta \qquad (2.81)$$

なお, α, β は演算子である. 式(2.81)に(2.80)を入れ, ϕ に作用させて, 式(2.82)のように表されるディラック方程式が求まる.

$$i\hbar\frac{\partial \phi}{\partial t} = (-ic\hbar\alpha \nabla + mc^2\beta)\phi \qquad (2.82)$$

式(2.82)を解くと, エネルギー固有値として正と負のエネルギーが求まる. 負エネルギーに関しては, 負エネルギーをもった粒子が何かの原因で正のエネルギーに遷移すると, 抜け穴は正の質量をもつ反粒子になる. すなわち, 空間に粒子・反粒子のペアが生成される. これはクライントンネルと呼ばれる, 高バリヤのポテンシャル壁を通過する. グラフェンの π 電子はディラック方程式に従う粒子であり, K 点近傍では質量 0 のように運動するので, 高バリヤでなくても完全透過する.

さて, グラフェンをトランジスタに応用する研究は盛んであり, ここでは2例を説明する.

図 2.46(a), (b), (c)は, 各々, AB 積層型2層グラフェンの構造, それを活性層に用いた電界効果トランジスタの構造, およびそのドレイン電流-ゲート電圧特性を示す. 電界効果トランジスタのゲート電極はグラフェンの上(トップ電極)と下(ボトム電極)に作製されており, グラフェンに効果的に電界印加できるようになっている. 2層グラフェンは AB 積層型であり, 原子 A

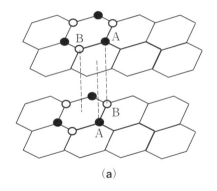

上部ゲート電極
ゲートオキサイド
2層グラフェン
ゲートオキサイド
下部ゲート電極

（**b**）

（**a**）

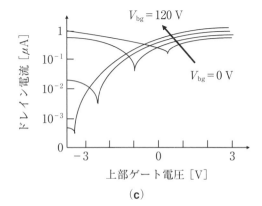

（**c**）

図 2.46　2層グラフェン電界効果型トランジスタの構造と特性.（a）AB 積層型 2
層グラフェン,（b）電界効果型トランジスタの断面,（c）ドレイン電流-ゲート電
圧特性.

の直上に原子 B が位置するように, 蜂の巣格子をずらしてある. このような
構造にすると, 面の直上, 直下に原子が存在しない場所ができ, 格子面に垂直
に電界を印加すると, 上面と下面で電界のかかり方がわずかに異なり, バンド
ギャップを出現させることが可能になる. 図 2.46（c）よりバックゲートに 120
V 印加した場合にドレイン電流のオンオフ比が最も大きくなることがわかる.
すなわち, バックゲート印加によりグラフェンのバンドギャップが形成され,
2層グラフェンが半導体になったものと考えられる.
　図 2.47（a）,（b）は, 各々, 単層グラフェンを活性層に用いた電界効果ト

ランジスタの構造，およびそのドレイン電流-ゲート電圧特性を示す．電界効果移動度は Si の普遍的値を超える値が観測されている．

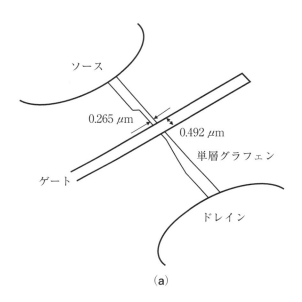

（**a**）

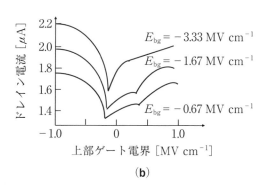

（**b**）

図 2.47　単層グラフェン電界効果型トランジスタの構造と特性．（a）トランジスタの平面構造，（b）ドレイン電流-ゲート電圧特性．

━ one point 6 クライントンネリング ━

　質量 m，エネルギー E の粒子がポテンシャル障壁（障壁高さ V で $V>E$）に衝突する場合，ニュートン力学では跳ね返る．量子力学の世界では，障壁厚さが薄い場合に限り，透過する（トンネル効果）ようになる．相対論的な粒子の場合，障壁高さが，$V>2mc^2$ の場合，完全に透過する．この現象は**クライントンネル**と呼ばれており，1929 年にスウェーデンの物理学者オスカル・クライン（Oskar Klein）が提案した．**図 2p.5** は，相対論的電子が障壁を透過する場合の，各領域でのエネルギー−波数分散関係を示す．あるエネルギー E をもつ相対論的な電子が真空中を飛んできて，高い障壁に差しかかった場合，その反粒子である陽電子（または，ホール）が現れる．陽電子は障壁の中を難なく通過して，障壁と真空の境界において，再びもとの粒子である電子となり真空中に飛び出す．この場合，完全透過となり，量子力学的トンネルと異なるのは障壁高さに対する透過率の傾向が真逆になることであり，**クラインパラドクス**（Klein paradox）とも呼ばれている．

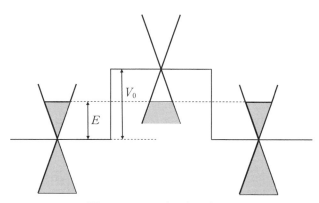

図 2p.5 クライントンネル．

2-4 有機材料とトランジスタ

　有機材料としてペンタセン薄膜と DNA 薄膜，およびそれらを応用したトランジスタを取り上げる．なお，いずれの膜も半導体と仮定しており，すなわち禁制帯を介したキャリヤのやり取りを検討する．

(1) ペンタセンと薄膜トランジスタ

　近年，**ペンタセン**（pentacene）等の有機物が有機 EL ディスプレイへの使用を目的として，**薄膜トランジスタ**（thin-film transistor：TFT）の活性領域の材料として検討されている．ペンタセンとは 5 個のベンゼン環が直線状に縮合した多環芳香族炭化水素であり，化学式 $C_{22}H_{14}$ で表され，融点が 271℃，沸点が 350℃の有機物である．ペンタセン結晶はファンデルワールス相互作用という非常に小さな凝集力で結合しているため π 電子雲の重なりが密でなく電気抵抗が非常に高い．ちなみに，芳香族のファンデルワールス半径は 1.7 Å であり，ペンタセン結晶の原子間距離はその 2 倍よりも大きく分子の孤立性が高い．ペンタセン結晶では π 電子雲のわずかな重なりを通して電子や正孔が移動するものと考えられている．この材料は半導体として扱われているが，伝導機構に関しては，無機半導体と同様には考えられないようである．無機半導体では温度が上昇するに従い価電子帯から伝導体に励起される電子の個数が大きくなり伝導度が大きくなる．有機物ではバンド伝導によるモデルとポーラロン伝導によるモデルが提案されている．バンド伝導では禁制帯幅は 1 eV 程度であるが，伝導体のバンド幅は無機半導体に比較して小さい．ポーラロン伝導では温度上昇に従い，有機物結晶分子の振動が激しくなり，π 電子雲の重なりも大きくなり，π 電子がその重なりを通りやすくなり伝導度が大きくなる．

　このペンタセンを活性層にした 3 端子の電界効果型トランジスタが検討されている．ソース・ドレインは一般に金電極で作製されており，キャリヤは正孔が担っている．この理由は金とペンタセンの仕事関数差に依存しており，金の

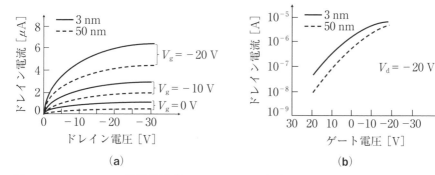

図 2.48 ペンタセン電界効果型トランジスタ.（a）ドレイン電流-ドレイン電圧特性,（b）トランスファー特性.

フェルミ準位が価電子帯端に近いからである.Ca 電極の場合はフェルミ準位が伝導帯端に近く電子伝導になることが報告されている.**図 2.48**（a）,（b）に,ペンタセン膜厚が 3 nm と 50 nm の電界効果型トランジスタのドレイン電流-ドレイン電圧特性,およびトランスファー特性を示す.電極には金を用いている.現在報告されているキャリヤ移動度は小さくせいぜい $1\,\mathrm{cm}^2\,\mathrm{V}^{-1}\mathrm{s}^{-1}$ 程度である.移動度が小さい理由は一般的に,ペンタセンが多結晶であり多数の結晶粒から形成されており,粒界での抵抗の影響が大きいこととペンタセン自身のキャリヤ数が少ないことに起因する.

（2） DNA とトランジスタ

デオキシリボ核酸（deoxyribo nuclei acid：DNA）の電気伝導性が調査されている.DNA は五炭糖とリン酸が交互につながった二本の鎖,いわゆる二重螺旋の間を塩基が架橋した構造をしており,長さは数センチ,直径 2 nm の繊維である.塩基としてグアニン（G）,シトシン（C）,アデニン（A）,チミン（T）があり,G と C,A と T の組み合わせで五炭糖につながっている.DNA は生体中では負に帯電しており,周囲は正電荷をもつ金属イオンが存在する.本来,絶縁体であるが,乾燥させて水分の存在しない状態では伝導性を示すことがシミュレーション,実験により報告されている.Mg,Zn イオンが DNA の周囲

に存在すると，Mg イオンから正孔が DNA の塩基に注入され，ホッピング機構により塩基を移動し，DNA は半導体細線として振舞う．塩基の中ではグアニンが一番高い占有軌道をとることが知られている．金属正イオンの量により正孔濃度を調整できる．また，近年では塩基ペアにより伝導型を制御することが試みられており，2 つの例を示す．**図2.49**(a)，(b)は，各々，チャネル層として A・T の塩基をもつ DNA，チャネル層として G・C の塩基をもつDNA のドレイン電流-ドレイン電圧特性が示されている．図2.49(b)にはDNA が架橋されたナノ電極を含む基板ゲート構造の電界効果トランジスタ断面図が示されている．なお，電極材料には Au/Ti が用いられている．チャネル層として A・T の塩基をもつ DNA の場合，電子伝導となり n チャネルFET が形成される．チャネル層として G・C の塩基をもつ DNA の場合，ホール伝導となり p チャネル FET が形成される．もう一例は，ゲート，ソース，ドレイン電極が全て Si により作製されており，Si 基板/SiO_2/DNA から構成される MOS 構造をもつ場合である（ここでは DNA を半導体とした）．DNA は N_2 ガスにより乾燥させてあり，H_2O 分子は存在しない．DNA は収縮し，π 電子雲の重なり領域は大きくなる．**図2.50**(a)，(b)，(c)，(d)，

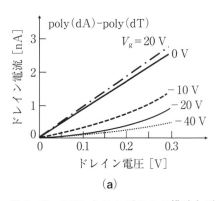

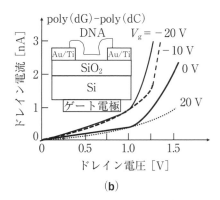

(a)　　　　　　　　　　　　　　　　(b)

図2.49　DNA トランジスタの構造と電気特性．(a)アデニン(A)・チミン(T)を塩基とするトランジスタのドレイン電流-ドレイン電圧特性，(b)グアニン(G)・シトシン(C)を塩基とするトランジスタのドレイン電流-ドレイン電圧特性．挿入図はトランジスタ構造．

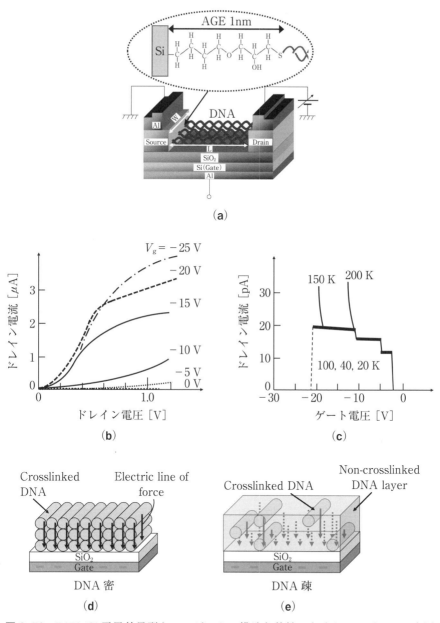

図 2.50　DNA/Si 電界効果型トランジスタの構造と特性．（a）トランジスタの鳥瞰図，（b）ゲート電圧制御によるドレイン電流-ドレイン電圧特性，（c）低温におけるドレイン電流-ゲート電圧特性，（d）（e）ゲート電極印加による電気力線．

（e）は，各々，DNA/Si 電界効果型トランジスタの鳥瞰図，ドレイン電流-ド
レイン電圧特性，低温におけるドレイン電流-ゲート電圧特性，およびゲート
電極印加による電気力線の様子を示す．AGE（Allyl Glycidyl Ether）は，SH 基
を持つ DNA を Si に結合するために介在する材料である．ホールがキャリヤ
となっており，p 型特性を示していることがわかる．ゲート電極印加により，
電極中の負の実効キャリヤと DNA 中の正孔の間の電気力線の本数が増加し
て，ソースから DNA 細線への正孔の注入を生じる．印加電圧が増加するに従
い，正孔注入量も増加して，ゲート電圧による電流制御が可能になる．なお，
DNA 細線中の伝導は，塩基からの π 電子雲と，その重なり部分をキャリヤが
バンド伝導する．厳密にはバンド伝導かホッピング伝導かは明らかになってい
ない．また，低温における階段状特性は段差部分の電圧が 1 次元伝導を仮定し
た場合の計算値と一致しており，DNA がすこぶる良好な直径 2 nm の円筒形
の 1 次元材料であることを示している．

┌─ **one point 7　1 次元伝導** ────────────

　1 次元結晶の量子状態について説明する．1 次元結晶の場合，長さが L の直線を考え，境界条件はゾンマーフェルトの金属模型と同じとすると，エネルギーは式(2p.14)で表される．

$$E = \frac{h^2}{8\pi^2 m} k^2 \qquad (2\text{p}.14)$$

ここで，$k = (\pi/L)n$ である．

　エネルギー幅 dE の中に存在する準位数を dn とすると，1 次元結晶の場合，状態密度 $D(E)$ は，式(2p.15)のように表される．

$$D(E) = 2 \times \frac{dn}{dE} \times \frac{1}{L} \qquad (2\text{p}.15)$$

式(2p.14)，(2p.15)より，式(2p.16)が導かれる．

$$D(E) = \frac{4}{h}\left(\frac{m}{2E}\right)^{\frac{1}{2}} \qquad (2\text{p}.16)$$

　図 2p.6 は，1 次元結晶の状態密度とエネルギーの関係を示す．1 次元結晶では $E^{-1/2}$ に比例して減少することがわかる．

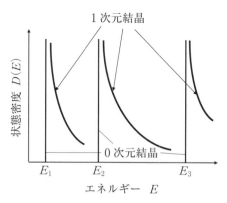

図 2p.6　1 次元結晶の状態密度．

2-5　磁性材料とメモリおよびトランジスタ

　　半導体材料という点では異なるのであるが，近年，巨大磁気抵抗効果，ト
ンネル磁気抵抗効果という興味深い現象が発見されている Fe, Co, Ni 等の
強磁性材料を取り上げる．トンネル磁気抵抗効果を応用した MRAM，さら
には電界効果でスピン流を制御するスピントランジスタも取り上げる．

(1)　巨大磁気抵抗効果とトンネル磁気抵抗効果

　近年，2 種あるいはそれ以上の金属原子を数層〜数十層ずつ交互に積層する
人工格子の研究が盛んである．1970 年代末から 1980 年代前半にかけて，**分子
線エピタキシャル成長**(MBE)**法**を使った金属人工格子の研究が始まり，1988
年に Fe/Cr の薄層を何十にも重ねた材料は**巨大磁気抵抗**(giant magneto-
registance：GMR)**効果**を示すことが発見された．以後，Co/Cu や他の金属で
も GMR は見出され，以降の磁性材料研究の火付け役となった．Fe/Cr/Fe の
ように，非磁性金属を強磁性体で挟む代わりに，トンネル絶縁膜を強磁性体で
挟む構造ではさらに大きな磁気抵抗効果が現れた．これを**トンネル磁気抵抗**
(tunnel magneto-registance：TMR)**効果**と呼んでおり，1994 年に Fe/
Al_2O_3/Fe 接合において室温で大きな抵抗率変化が報告されている．

　まず Fe, Co, Ni といった金属が強磁性を示す理由を説明する．いずれの元
素も 4s 殻は 2 個の電子で占有されており，3d 電子は孤立した不対電子とな
る．この不対電子を磁性電子とも呼んでおり，スピンの向きが同じで孤立して
いるため，スピン磁気モーメントを生じ，近接原子との交換相互作用により，
強磁性を生み出す．すなわち，強磁性を生み出す要因はスピン磁気モーメント
と交換相互作用ということになる．金属中の電子は上向きスピンと下向きスピ
ンをもっており，普通の金属の場合は両方が同数であり磁気作用を相殺する．
しかし，外部磁場を印加したり，自発磁化を生じた場合，両スピンのエネル
ギーバンドが分裂する．**図 2.51** はバンドによる強磁性を示す．磁場 H が上向

きスピンの向きに印加されると，$\mu_0\mu_B H$ だけエネルギーは小さくなる．他方，下向きスピンは $\mu_0\mu_B H$ だけエネルギーは大きくなる．しかし，フェルミエネルギー E_f は両スピン共通なので，電子移動が起こり，図 2.51(b) のようになる．**図 2.52** に GMR 効果を説明する．強磁性膜 (Co, Fe) と非磁性膜 (Cu, Cr) が積層されており，矢印方向のスピンをもつ伝導電子が積層方向に流れる場合を考える．強磁性層の磁化の向きが伝導電子のスピンの向きと同じ部分では抵抗にならないが，強磁性層の磁化の向きと伝導電子のスピンの向きが反対の場合は抵抗となる．それゆえ磁場印加前は隣接する金属層が反平行に配列してい

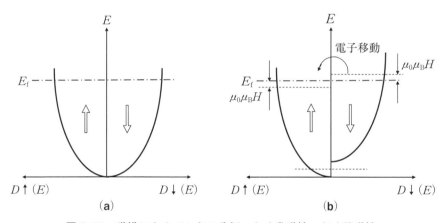

図 2.51 磁場によるバンドの分極．(a) 常磁性，(b) 強磁性．

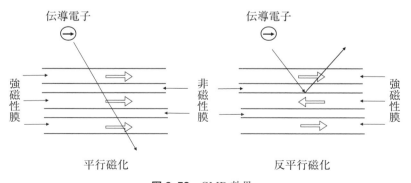

図 2.52 GMR 効果．

るため，大きな抵抗率を示すが，磁場印加により平行配列となり抵抗率は小さくなる．抵抗率変化($\Delta R/R$)が数 % であったのに対し GMR では数十 % になった．次に，TMR 効果を説明する前に，**図 2.53**（ a ）で強磁性体の状態密

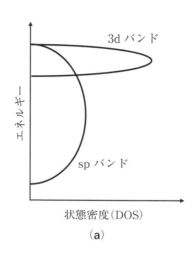

（**a**）

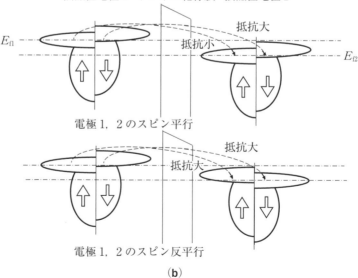

（**b**）

図 2.53　TMR 効果．（ a ）強磁性体の状態密度，（ b ）TMR 効果．

度を示す．3d 電子は，エネルギー幅が小さい，かつ密度の高いバンドとなり，sp バンドに重なる．図 2.53（b）に TMR 効果を説明する．ソース，ドレインの磁化の向きをアップスピンに揃えると，すなわちスピン平行の場合，アップスピンの状態密度は大きいのでソースからドレインへのアップスピン電子の遷移において低抵抗になるが，ダウンスピンの状態密度は小さく，ダウンスピン電子の遷移の抵抗は大きくなる．しかし，これら抵抗は並列抵抗接続と見なせるのでソースドレイン間抵抗は小さくなる．他方，ソース，ドレインの磁化の向きを反平行に揃えると，すなわちスピン反平行の場合，ソース，ドレインいずれかの状態密度が小さくなるので，電流は状態密度の小さい方で律速され，アップ，ダウンスピン共に抵抗は大きくなる．

(2) Co/Fe-AlO-Co/Fe と MRAM

TMR 効果を応用したデバイスとして，不揮発性メモリである **MRAM**（magnetoresistive random access memory）が近年，非常に注目されている．MRAM はその構造が記憶部分の TMR 素子とスイッチ部分の MOSFET から構成されており，記憶部分にキャパシタを用いている **DRAM**（dynamic random access memory）と非常に似ている．しかし，磁化反転の速度が 1 ns 以下であることから，書き込み・読み出し速度において MRAM は DRAM よりも高速である．MRAM は 10 ns 以下であるが，DRAM では数十 ns である．**図 2.54** に MRAM の素子構造を示す．対向電極の強磁性膜（スピンの方向を反転できるフリー膜）の磁化の向きが平行の場合は大きな電流（上）が流れ抵抗値は小さくなり，この状態を"0"とする．他方，磁化の向きが反平行の場合，電極間に小さな電流しか流れず抵抗値は大きくなり（下），この状態を"1"とする．上部電極強磁性膜の磁化の向きは接続されたビット線を流れる電流の方向により決定されるが，下部電極の強磁性膜の磁化の向きはスピンバルブ効果によりピンニングされる．図の場合は交換相互作用により，ピン止め層となる強磁性膜のスピンの向きは右方向となる．下部電極は強磁性膜と反強磁性膜の 2 層構造となっており，交換相互作用の働きで強磁性膜の磁化の方向は決定される．Co/Fe-AlO-Co/Fe の場合，反強磁性膜としては IrMn が用いられる．この材

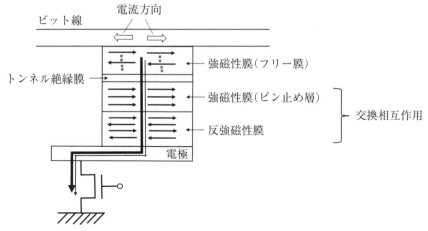

図 2.54　MRAM の素子構造.

料を使用した場合，抵抗率変化は室温で 50%，4.2 K で 69% にも達する．な
お，近年では集積密度が大きくなり，フリー層の磁化反転を電流で行うことは
困難になってきており，スピン偏極した電流を注入することにより磁化反転す
る方法がとられている．

（3）　スピントランジスタ

ソース・ドレインに強磁性体材料，チャネル部分に狭ギャップ半導体を使用
したスピントランジスタが 1990 年に Datta と Das により提案されている．ス
ピンの向きをゲート電圧により制御するというものである．**図 2.55**(a)に
Rashba 効果を説明する．ゲート電極/絶縁膜/チャネル/基板構造において，
チャネルが非常に薄い(量子寸法なので 2 次元電子ガスとなる)場合を考える．
ゲート電極に正電圧を印加すると，電極には正電荷が集まり，電場 E を生じ
る．電場 E の先の負電荷は基板に誘起された空間電荷である．チャネルを電
子が矢印方向に移動すると，チャネル電子からはゲート電極に左向きの電流，
基板に右向き電流が流れるように見える．無限長のコイルを流れる電流と考え
てよく，チャネルは磁場 B が紙面垂直方向に発生する．この磁場と電子のス
ピンが相互作用する．この磁場 B は電場 E と電子の移動速度 V に比例する．

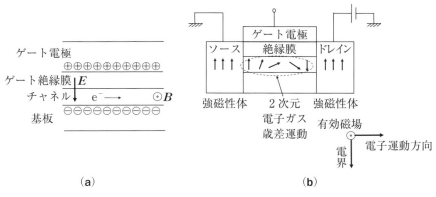

図 2.55 スピントランジスタの原理と動作.（a）Rashba 効果,（b）トランジスタ活性層の断面構造.

電場 E により磁場の周りのスピンの歳差運動の周期を制御でき，ドレインに入るスピンの向きをドレインの強磁性体の向きに揃えることが可能である．なお，Rashba 効果は半導体の低次元化に従い現れる効果の 1 つであり，低次元化するに従い電子の散乱位置の数が小さくなることがこの効果を顕在化させる．ゲート印加電圧による半導体界面での電界により，界面に磁場を発生させる Rashba 効果を応用している．狭ギャップ半導体を使用する理由は伝導帯電子のスピン軌道相互作用に価電子帯電子も影響を及ぼすためであり，アップスピンとダウンスピンのエネルギー差は数 meV になり，チャネル内でスピン選択が可能になる．ちなみに，InGaAs 系が実験に用いられており，チャネルは $E_g = 0.35\,\mathrm{eV}$ の InAs である．図 2.55（b）にスピントランジスタの構造を示す．ゲート電圧を印加しない場合はソースからチャネルに注入された電子スピンはドレインに到達する．ゲート電圧を印加した場合は Rashba 効果により紙面に垂直方向に磁場を発生し，チャネル中を歳差運動をしながら移動するが磁化方向が反平行の場合はドレインに到達しない.

2-1　引用文献

［1］　I. Lilienfeld : Method and apparatus for controlling electric currents, US Patent, 1745175(1925)

［2］　W. Shockley : A Unipolar "Field-Effect" Transistor, Proc. I. R. E., pp. 1365-1376 (1952)

［3］　原留美吉：半導体物性工学の基礎, 工業調査会(1967)

［4］　菅野卓雄監修：電気学会大学講座　半導体物性, オーム社(1979)

［5］　A. S. Grove : Physics and Technology of Semiconductor Devices, John Wiley & Sons(1981)

［6］　S. M. Sze : Physics of Semiconductor Devices, second edition, John Wiley & Sons(1981)

［7］　松村正清：半導体デバイス, 昭光堂(1989)

［8］　舛岡富士雄：躍進するフラッシュメモリ, 工業調査会(1992)

［9］　松尾直人：半導体デバイス-動作原理に基づいて-, コロナ社(2000)

［10］　浦岡行治監修：低温ポリシリコン薄膜トランジスタの開発-システムオンパネルをめざして-, シーエムシー出版(2007)

［11］　大村泰久編著：半導体デバイス工学, オーム社(2012)

［12］　J. Y. Seto : J. Appl. Phys. **46**, p. 5247(1975)

［13］　N. Matsuo, A. Heya, and H. Hamada : Review-Technology Trend of Poly-Si TFTs from Viewpoints of Crystallization and Device Performance, ECS Journal of Solid State Science and Technology **8**, pp. 239-252(2019)

［14］　S. Salahuddin and S. Datta : Use of Negative Capacitance to Provide Voltage Amplification for Low Power Nanoscale Devices, Nano Lett. **8**, 405(2008)

2-2　引用文献

［1］　日本物理学会編：半導体超格子の物理と応用, 培風館(1984)

［2］　松波弘之, 木本恒：マテリアルインテグレーション **17**, 1, pp. 3-9(2004)

［3］　谷本智, 桐谷範彦, 星正勝, 大串秀世, 荒井和雄：電子情報通信学会論文誌 **J86-C**, 4, pp. 359-367(2003)

［4］　木本恒, 小杉肇, 神崎庸輔, 須田淳, 松波弘之：信学技報 **103**, 533, pp. 63-68(2003)

［5］　世界初窒化ガリウム(GaN)縦型トランジスタを開発-GaN系パワートランジスタの低コスト化を実現-, 電子情報通信学会誌, ニュース解説 **89**, pp. 925-926

(2006)

［6］ 池田成明，李江，加藤禎宏，増田満，吉田清輝：薄層 AlGaN 構造を用いた電源用 GaN パワーデバイスの開発，古川電工時報 **117**, pp. 1-5(2006)

［7］ K. Hirama, Y. Taniyasu, and M. Kasu : Applied Physics Letters **98**, pp. 162112-1-3(2011)

2-3　引用文献

［1］ 飯島：Nature **354**, pp. 56-58(1991)

［2］ 大野，能生，水谷：カーボンナノチューブトランジスタにおける電極界面の特性，表面科学 **28**, pp. 40-45(2007)

［3］ K. S. Novoselov, A. K. Geim, S. V. Morozov, D. Jiang, Y. Zhang, S. V. Dubonos, I. V. Grigorieva, and A. A. Firsov : Science **306**, p. 666(2004)

［4］ F. Xia, D. B. Farmer, Y. Lin, and P. Avouris : Graphene Field-Effect Transistors with High On/Off Current Ratio and Large Transport Band Gap at Room Temperature, Nano Letters **10**, pp. 715-718(2010)

［5］ M. C. Lemme, T. J. Echtermeyer, M. Baus, and H. Kurz : A Graphene Field Effect Device, IEEE Electron Device Letters **28**(2007)

2-4　引用文献

［1］ N. Matsuo and A. Heya : Dependence of Electrical Properties of Pentacene Thin-Film Transistor on Active Layer Thickness, IEICE Electronics Express **8**, pp. 360-366(2011)

［2］ K. H. Yoo, D. H. Ha, J. O. Lee, J. W. Park, J. Kim, J. J. Kim, H. Y. Lee, T. Kawai, and H. Y. Choi : Electrical Conduction through Poly(dA)-Poly(dT) and Poly(dG)-Poly(dC) DNA Molecules, Physical Review Letters **87**, pp. 198102-1-4(2001)

［3］ S. Takagi, T. Takada, N. Matsuo, S. Yokoyama, M. Nakamura, and K. Yamana : Gating electrical transport through DNA molecules that bridge between silicon nanogaps, Nanoscale **4**, pp. 1975-1977(2012)

［4］ N. Matsuo, T. Takada, A. Heya, K. Yamana, T. Sato, S. Yokoyama, and Y. Omura : Blockade and Staircase Phenomena of Holes in Mesoscopic Scale-Deoxyribonucleic Acid/SiO$_2$/Si Structure, IEEE Electron Device Letters **37**, pp. 224-227(2016)

2-5　引用文献

［1］　宮崎照宣：スピントロニクス-次世代メモリ MRAM の基礎-，日刊工業新聞社
　（2004）

［2］　志賀正幸：固体の電子論Ⅶ-磁性その2-，まてりあ **44**, pp. 503-509(2005)

［3］　S. Datta and B. Das：Electronic analog of the electro-optic modulator, Appl.
　Phys. Lett. **56**, pp. 665-667(1990)

［4］　E. I. Rashba：Fiz. Tverd. Tela **2**(1960)［Sov. Phys. Solid State **2**(1960)1109］

付　録

付録1　物理定数

電気素量：$e = 1.60 \times 10^{-19}$ [C]

真空中における自由電子の質量：$m_0 = 9.1096 \times 10^{-31}$ [kg]

正電荷 e を 1 V の電位差がある場合に電界に逆らってする仕事：

$\quad$ 1 $eV = 1.60 \times 10^{-19}$ [J]

光速：$c = 2.998 \times 10^8$ [m s^{-1}]

プランク定数：$h = 6.6262 \times 10^{-34}$ [Js]

$\qquad\qquad$：$\hbar = h/2\pi = 1.0546 \times 10^{-34}$ [Js]

アボガドロ数：$N = 6.0222 \times 10^{23}$ [mol^{-1}]

気体定数：$R = 8.3144$ [J K^{-1}mol^{-1}]

ボーア半径：$a_0 = 0.528$ Å $= 0.528 \times 10^{-10}$ [m]

ボーア磁子：$\mu_{\mathrm{B}} = 1.165 \times 10^{-29}$ [Wb m]

$\qquad\qquad = 9.27 \times 10^{-24}$ [JT^{-1}]

真空の誘電率：$\varepsilon_0 = 8.8542 \times 10^{-12}$ [F m^{-1}]

真空の透磁率：$\mu_0 = 1.257 \times 10^{-6}$ [H m^{-1}]

ボルツマン定数：$k_{\mathrm{B}} = 8.62 \times 10^{-5}$ [eV K^{-1}]

室温における熱エネルギー：$k_{\mathrm{B}}T = 0.026$ [eV]

付録 2　各半導体の 300 K における物性値

	Si	Ge	GaAs	GaN	4H-SiC
格子定数 [Å]	5.43	5.64	5.65	a : 3.18 c : 5.17	a : 3.07 c : 10.1
比誘電率	11.9	16.0	13.1	9.5	10
禁制帯幅 [eV]	1.12	0.66	1.42	3.4	3.26
耐圧 [V cm^{-1}]	3×10^5	10^5	10^5	3×10^6	2.8×10^6
遷移の型	間接	間接	直接	直接	間接
移動度 [cm^2 V^{-1}s^{-1}] 　電　子 　正　孔	 1500 450	 3900 1900	 8500 400	 1200 400	 1000 120
融点 [℃]	1415	937	1238	＞2500	2830
電子親和力 [eV]	4.05	4.0	4.07	4.11	3.6
有効質量 [m^*/m_0] 　電　子 　正　孔	 $m_l^* = 0.98,$ $m_t^* = 0.19$ $m_{lh}^* = 0.16,$ $m_{hh}^* = 0.49$	 $m_l^* = 1.64,$ $m_t^* = 0.082$ $m_{lh}^* = 0.04,$ $m_{hh}^* = 0.28$	 0.067 0.082	 0.2 0.8	 0.31–0.58

付録 3　周期表（基底状態の中性原子の外殻電子配置）

1	2	3	4	5	6	7	8	9	10	11	12	13	14	15	16	17	18
H^{1} $1s$																	He^{2} $1s^2$
Li^{3} $2s$	Be^{4} $2s^2$											B^{5} $2s^2 2p$	C^{6} $2s^2 2p^2$	N^{7} $2s^2 2p^3$	O^{8} $2s^2 2p^4$	F^{9} $2s^2 2p^5$	Ne^{10} $2s^2 2p^6$
Na^{11} $3s$	Mg^{12} $3s^2$											Al^{13} $3s^2 3p$	Si^{14} $3s^2 3p^2$	P^{15} $3s^2 3p^3$	S^{16} $3s^2 3p^4$	Cl^{17} $3s^2 3p^5$	Ar^{18} $3s^2 3p^6$
K^{19} $4s$	Ca^{20} $4s^2$	Sc^{21} $3d\,4s^2$	Ti^{22} $3d^2 4s^2$	V^{23} $3d^3 4s^2$	Cr^{24} $3d^5 4s$	Mn^{25} $3d^5 4s^2$	Fe^{26} $3d^6 4s^2$	Co^{27} $3d^7 4s^2$	Ni^{28} $3d^8 4s^2$	Cu^{29} $3d^{10} 4s$	Zn^{30} $3d^{10} 4s^2$	Ga^{31} $4s^2 4p$	Ge^{32} $4s^2 4p^2$	As^{33} $4s^2 4p^3$	Se^{34} $4s^2 4p^4$	Br^{35} $4s^2 4p^5$	Kr^{36} $4s^2 4p^6$
Rb^{37} $5s$	Sr^{38} $5s^2$	Y^{39} $4d\,5s^2$	Zr^{40} $4d^2 5s^2$	Nb^{41} $4d^4 5s$	Mo^{42} $4d^5 5s$	Tc^{43} $4d^5 5s^2$	Ru^{44} $4d^7 5s$	Rh^{45} $4d^8 5s$	Pd^{46} $4d^{10}$ –	Ag^{47} $4d^{10} 5s$	Cd^{48} $4d^{10} 5s^2$	In^{49} $5s^2 5p$	Sn^{50} $5s^2 5p^2$	Sb^{51} $5s^2 5p^3$	Te^{52} $5s^2 5p^4$	I^{53} $5s^2 5p^5$	Xe^{54} $5s^2 5p^6$
Cs^{55} $6s$	Ba^{56} $6s^2$	La^{57} $5d\,6s^2$	Hf^{72} $4f^{14} 5d^2 6s^2$	Ta^{73} $5d^3 6s^2$	W^{74} $5d^4 6s^2$	Re^{75} $5d^5 6s^2$	Os^{76} $5d^6 6s^2$	Ir^{77} $5d^7$ –	Pt^{78} $5d^9 6s$	Au^{79} $5d^{10} 6s$	Hg^{80} $5d^{10} 6s^2$	Tl^{81} $6s^2 6p$	Pb^{82} $6s^2 6p^2$	Bi^{83} $6s^2 6p^3$	Po^{84} $6s^2 6p^4$	At^{85} $6s^2 6p^5$	Rn^{86} $6s^2 6p^6$
Fr^{87} $7s$	Ra^{88} $7s^2$	Ac^{89} $6d\,7s^2$															

ランタノイド・アクチノイド：

Ce^{58}	Pr^{59}	Nd^{60}	Pm^{61}	Sm^{62}	Eu^{63}	Gd^{64}	Tb^{65}	Dy^{66}	Ho^{67}	Er^{68}	Tm^{69}	Yb^{70}	Lu^{71}
$4f^2$ $6s^2$	$4f^3$ $6s^2$	$4f^4$ $6s^2$	$4f^5$ $6s^2$	$4f^6$ $6s^2$	$4f^7$ $6s^2$	$4f^7$ $5d$ $6s^2$	$4f^8$ $5d$ $6s^2$	$4f^{10}$ $6s^2$	$4f^{11}$ $6s^2$	$4f^{12}$ $6s^2$	$4f^{13}$ $6s^2$	$4f^{14}$ $6s^2$	$4f^{14}$ $5d$ $6s^2$

Th^{90}	Pa^{91}	U^{92}	Np^{93}	Pu^{94}	Am^{95}	Cm^{96}	Bk^{97}	Cf^{98}	Es^{99}	Fm^{100}	Md^{101}	No^{102}	Lr^{103}
– $6d^2$ $7s^2$	$5f^2$ $6d$ $7s^2$	$5f^3$ $6d$ $7s^2$	$5f^5$ $7s^2$	$5f^6$ $7s^2$	$5f^7$ $7s^2$	$5f^7$ $6d$ $7s^2$							

付録 4 *E-k* 分散曲線の計算過程

式(1.18)〜(1.21)より，式(A4.1)〜(A4.4)が求まる．

$$A + B - C - D = 0 \tag{A4.1}$$

$$j\alpha A - j\alpha B - \beta C + \beta D = 0 \tag{A4.2}$$

$$A\exp(j\alpha b) + B\exp(-j\alpha b) - C\exp(jka - \beta c) - D\exp(jka + \beta c) = 0 \tag{A4.3}$$

$$Aj\alpha\exp(j\alpha b) - Bj\alpha\exp(-j\alpha b) - C\beta\exp(jka - \beta c) + D\beta\exp(jka + \beta c) = 0 \tag{A4.4}$$

A, B, C, D が 0 以外の解をもつためには各係数で構成される行列式が 0 でないといけない．これは式(A4.5)のように書き表される．

$$\begin{vmatrix} 1 & 1 & -1 & -1 \\ j\alpha & -j\alpha & -\beta & \beta \\ \exp(j\alpha b) & \exp(-j\alpha b) & -\exp(jka - \beta c) & -\exp(jka + \beta c) \\ j\alpha\exp(j\alpha b) & -j\alpha\exp(-j\alpha b) & -\beta\exp(jka - \beta c) & \beta\exp(jka + \beta c) \end{vmatrix} = 0 \tag{A4.5}$$

式(A4.5)から式(1.22)への計算の過程のポイントを以下に示す．途中は読者に補っていただきたい．

$$\begin{vmatrix} 0 & 0 & 0 & -1 \\ j\alpha - \beta & -j\alpha + \beta & -2\beta & \beta \\ \exp(j\alpha b) - \exp(jka - \beta c) & \exp(-j\alpha b) - \exp(jka + \beta c) & -\exp(jka - \beta c) + \exp(jka + \beta c) & -\exp(jka + \beta c) \\ j\alpha\exp(j\alpha b) - \beta\exp(jka - \beta c) & -j\alpha\exp(-j\alpha b) + \beta\exp(jka + \beta c) & -\beta\exp(jka - \beta c) - \beta\exp(jka + \beta c) & \beta\exp(jka + \beta c) \end{vmatrix} = 0 \tag{A4.6}$$

式(A4.6)の第 1 行目について展開すると式(A4.7)のようになる．

$$
\begin{vmatrix}
0 \\
\exp(j\alpha b)-\exp(jka-\beta c)+\exp(-j\alpha b)-\exp(jka+\beta c) \\
j\alpha\exp(j\alpha b)-\beta\exp(jka-\beta c)-j\alpha\exp(-j\alpha b)+\beta\exp(jka+\beta c) \\
\begin{array}{cc}
-j\alpha+\beta & -2\beta \\
\exp(-j\alpha b)-\exp(jka+\beta c) & -\exp(jka-\beta c)+\exp(jka+\beta c) \\
-j\alpha\exp(-j\alpha b)+\beta\exp(jka+\beta c) & -\beta\exp(jka-\beta c)-\beta\exp(jka+\beta c)
\end{array}
\end{vmatrix}=0
$$

$$(\text{A4.7})$$

さらに，式(A4.7)の1行目について展開する．

$$
(-j\alpha+\beta)(-1)^{3}
\begin{vmatrix}
\exp(j\alpha b)-\exp(jka-\beta c)+\exp(-j\alpha b)-\exp(jka+\beta c) \\
j\alpha\exp(j\alpha b)-\beta\exp(jka-\beta c)-j\alpha\exp(-j\alpha b)+\beta\exp(jka+\beta c)
\end{vmatrix}
$$

$$
\begin{vmatrix}
-\exp(jka-\beta c)+\exp(jka+\beta c) \\
-\beta\exp(jka-\beta c)-\beta\exp(jka+\beta c)
\end{vmatrix}
$$

$$
+(-2\beta)(-1)^{4}
\begin{vmatrix}
\exp(j\alpha b)-\exp(jka-\beta c)+\exp(-j\alpha b)-\exp(jka+\beta c) \\
j\alpha\exp(j\alpha b)-\beta\exp(jka-\beta c)-j\alpha\exp(-j\alpha b)+\beta\exp(jka+\beta c)
\end{vmatrix}
$$

$$
\begin{vmatrix}
\exp(-j\alpha b)-\exp(jka+\beta c) \\
-j\alpha\exp(-j\alpha b)+\beta\exp(jka+\beta c)
\end{vmatrix}=0
$$

$$(\text{A4.8})$$

さらに，双曲線関数により計算を進めると式(A4.9)のようになる．

$$
(j\alpha-\beta)
\begin{vmatrix}
2\cos(\alpha b)-2\cosh(\beta c)\exp(jka) & 2\sinh(\beta c)\exp(jka) \\
-2\alpha\sin(\alpha b)+2\beta\sinh(\beta c)\{\cos(ka)+j\sin(ka)\} & -2\beta\cosh(\beta c)\exp(jka)
\end{vmatrix}
$$

$$
-2\beta
\begin{vmatrix}
2\cos(\alpha b)-2\cosh(\beta c)\exp(jka) & \exp(-j\alpha b)-\exp(jka+\beta c) \\
-2\alpha\sin(\alpha b)+2\beta\sinh(\beta c)\{\cos(ka)+j\sin(ka)\} & -j\alpha\exp(-j\alpha b)+\beta\exp(jka+\beta c)
\end{vmatrix}=0
$$

$$(\text{A4.9})$$

ここで，$\gamma=\exp(jka)$と置き換え計算すると式(A4.10)が導かれる．

$$(\alpha^{2}-\beta^{2})\sin(b\alpha)\sinh(\beta c)\gamma-2\alpha\beta\cos(b\alpha)\cosh(\beta c)\gamma+\alpha\beta(\gamma^{2}+1)=0$$

$$(\text{A4.10})$$

以上より式(1.22)が導かれる．

付録5　禁止帯形成の起源

　結晶内を進行する電子波は進行波と逆方向の**反射波**により $\exp(ikx)$ と $\exp(-ikx)$ により表される.

　ここで，ブラッグ条件を満足するのは $\lambda=2a$ の場合であるので，進行波と反射波は $\exp(i\pi x/a)$ と $\exp(-i\pi x/a)$ となる.

　定在波は進行波と反射波を合成したものになることから，下記の2つの波が考えられる.

$$\Phi_{\mathrm{I}} = \exp(i\pi x/a) + \exp(-i\pi x/a) = 2\cos(\pi x/a)$$
$$\Phi_{\mathrm{II}} = \exp(i\pi x/a) - \exp(-i\pi x/a) = 2i\sin(\pi x/a)$$

　Φ_{I} は定在波の節が隣接するイオン殻の中心，腹がイオン殻になる. 他方，Φ_{II} は定在波の節がイオン殻，腹が隣接するイオン殻の中心になる. 時間項を入れると図のような定在波になる. 存在確率は $|\Phi_{\mathrm{I}}|^2$ と $|\Phi_{\mathrm{II}}|^2$ になり，$|\Phi_{\mathrm{I}}|^2$ はイオン殻のところで確率が1になり，イオン殻に電子を集める. $|\Phi_{\mathrm{II}}|^2$ は隣接するイオン殻の中間点で確率が1になり，イオン殻の中間点に電子を集める. いずれの位置もイオン殻とのクーロンポテンシャルを考慮すると安定点になる. $|\Phi_{\mathrm{I}}|^2$ のポテンシャルは進行波に比べ小さくなり，$|\Phi_{\mathrm{II}}|^2$ のポテンシャルは進行波に比べ大きくなると考えられる. この差が禁止帯幅になる.

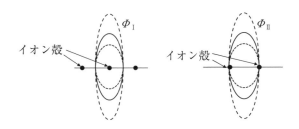

付録6　アービン曲線

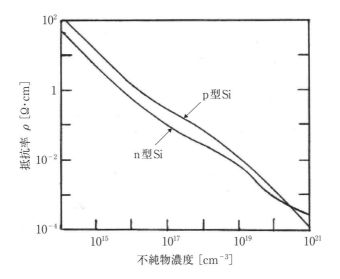

付録7　WKB近似による透過確率の導出

　一次元シュレーディンガー方程式(1.14)の準古典的な解法として，WKB近似法がある．プランクの定数 h は $h = 0$ と仮定することにより古典論に一致するが，WKB近似においては h が無限に0に近づく，すなわち $h \to 0$，かつ $h \neq 0$ と仮定するので準古典的と呼ばれる．今，一次元シュレーディンガー方程式の解を式(A7.1)のように置く．

$$\phi(x) = A \exp\left\{\frac{iS(x)}{\hbar}\right\} \tag{A7.1}$$

なお，$S(x)$ は**作用関数**と呼ばれ，以下に簡単に説明する．保存力場にある質点の運動において，質点がA点からB点に移動する場合，運動エネルギーが停留値をとるような道筋を辿る．多くの場合，時間が極小となるような場合に相当する．これを式で表すと式(A7.2)のようになる．

$$\delta \int_{t_1}^{t_2} T dt = 0 \tag{A7.2}$$

ここで，T は運動エネルギーを表し，式(A7.2)の左辺の積分を**作用積分**と呼び，式(A7.2)を**最小作用の原理**という．この作用積分は式の形を見てもわかるように，プランクの定数と同じ［ジュール・秒］の単位をもつ．ド・ブロイが提唱した物質波は，自由粒子の場合，作用関数を $\hbar$ で割った値が位相となる．以上より，シュレーディンガー方程式の解を式(A7.1)のように置くことにより，古典論に準ずることになる．

　式(A7.1)をシュレーディンガー方程式(1.14)に代入すると，式(A7.3)が得られる．

$$\frac{1}{2m}\left(\frac{dS}{dx}\right)^2 - \frac{\hbar i}{2m}\left(\frac{d^2S}{dx^2}\right) = E - V \tag{A7.3}$$

ここで，S を $\hbar$ のべきで展開すると，式(A7.4)のようになる.

$$S = S_0 + \hbar S_1 + \hbar^2 S_2 + \cdots \qquad (A7.4)$$

S_0 は古典的作用関数，S_1，S_2 は量子力学的補正項である.

式(A7.4)を(A7.3)に代入して，$\hbar$ の 2 次以上の項を省略すると，式(A7.5)が得られる.

$$\left\{ 2\left(\frac{dS_0}{dx}\right)\left(\frac{dS_1}{dx}\right) - i\frac{d^2 S_0}{dx^2} \right\}\hbar + \left\{ \left(\frac{dS_0}{dx}\right)^2 + 2m(V-E) \right\} = 0 \qquad (A7.5)$$

式(A7.5)が恒等的に成立する条件は，一項目の $\hbar$ の係数，二項目が 0 になることである. この計算を行うと S_0，S_1 は，各々，式(A7.6)，(A7.7)のように表される.

$$S_0 = \pm \int_{x_0}^{x} \sqrt{2m(E-V)}\,dx \qquad (A7.6)$$

$$S_1 = \frac{i}{2}\ln\left(\frac{dS_0}{dx}\right) \qquad (A7.7)$$

式(A7.1)，(A7.6)，(A7.7)より，$\phi(x)$ は式(A7.8)のようになる.

$$\phi(x) = \frac{A}{\sqrt{P}}\exp\left\{ \pm \frac{i}{\hbar}\int_{x_0}^{x} \sqrt{2m(E-V)}\,dx \right\} \qquad (A7.8)$$

式(A7.8)において，P は運動量，指数関数内の ＋，－ は右進行波，左進行波を表す. 古典理論においては，$E < V$ の領域には電子は存在しえないが，準古典理論では式(A7.8)でわかるように，その存在は波動として指数関数で表される.

また，運動エネルギーとポテンシャルが等しくなる**転回点**では，式(A7.8)は発散することがわかる. すなわち，WKB 近似は転回点においては適用できない. 転回点においては，**接続公式**に従う. 接続公式とはポテンシャル $V(x)$ を転回点において，直線近似を行い，シュレーディンガー方程式を解き，転回

点の両側の波動関数に接続する.

次に，山形のポテンシャル障壁のある系において，左から右にエネルギー E の粒子を入射させる場合を考える．障壁中において波は減衰するが，量子力学的には波はポテンシャルの右側に染み出す．**透過係数**(transmission coefficient) T は式(A7.9)で表される．

$$T = \left| \frac{\phi(\mathrm{III})}{\phi(\mathrm{I})} \right|^2 \tag{A7.9}$$

ここで，$\phi(\mathrm{I})$, $\phi(\mathrm{III})$ は，各々，障壁入射前後における波動関数である．シュレーディンガー方程式を WKB 法により接続公式を使い解くと，計算の詳細は省略するが，$\phi(\mathrm{I})$, $\phi(\mathrm{III})$ がそれぞれ求まる．そして，式(A7.9)に代入すると，WKB 法による透過率は式(A7.10)で表される．

$$T \simeq \exp\left[-\frac{2}{\hbar} \int_{x_1}^{x_2} \sqrt{2m(V-E)}\, dx \right] \tag{A7.10}$$

なお，WKB 法が成立するのは次式が成立する場合である．

$$\int_{x_1}^{x_2} k(x) \frac{dx}{\hbar} > 1 \tag{A7.11}$$

ここで，x_1, x_2 は，各々，入射電子波，透過電子波と山形ポテンシャルの交点，すなわち，転回点の座標を示す．エネルギー E が大きくなり，転回点がポテンシャルの頂上近くになると，転回点近傍においてポテンシャルの直線近似が成立しなくなるからである．式(A7.10)より，透過率が大きくなる条件は，粒子の有効質量が小さい，ポテンシャル障壁が低い，障壁厚さが小さいということになる．

付録8　バイポーラトランジスタの少数キャリヤ分布

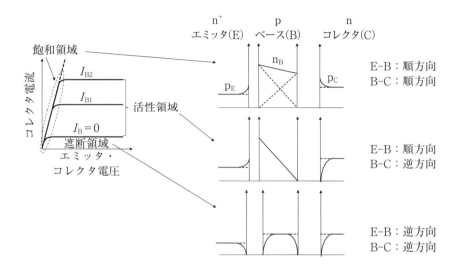

付録9　MOS電界効果による界面電荷量の変化

　MOS界面に誘起される電荷量 Q_s が表面ポテンシャル ϕ_s とどのような関係にあるのかを示す。Q_s はガウス（Gauss）の定理により，式(A9.1)のように表される。

$$Q_s = -\varepsilon_{Si}\varepsilon_0 E_s \tag{A9.1}$$

（a）　蓄積状態（$\phi_s < 0$）

　p型半導体であるので，$p_{p0} \gg n_{p0}$ が成立する。蓄積状態においては，$|e\phi_s| \gg k_B T$ であることから，$\exp(-e\phi_s/k_B T) \gg |e\phi_s/k_B T - 1|$ が成立する。故に，Q_s は式(A9.2)のように表される。

$$Q_s = (2\varepsilon_{Si}\varepsilon_0\, k_B T/eL_D)\exp(-e\phi_s/2k_B T) \tag{A9.2}$$

（b）　空乏状態（$0 < \phi_s < \phi_f$）

（c）　弱反転状態（$\phi_f < \phi_s < 2\phi_f$）

　空乏状態，弱反転状態では式(2.35)において，$e\phi_s/k_B T \gg 1$ が成立し，この項が支配的になる。Q_s は式(A9.3)のように表される。

$$Q_s = -(2\varepsilon_{Si}\varepsilon_0/L_D)(k_B T/e)^{1/2}\sqrt{\phi_s} \tag{A9.3}$$

さらに，$p_{p0} = eN_a$ を代入すると，Q_s は式(A9.4)のように表される。

$$Q_s = -(2eN_a\varepsilon_{Si}\varepsilon_0\phi_s)^{1/2} \tag{A9.4}$$

（d）　強反転状態（$2\phi_f < \phi_s$）

　式(2.35)において，$(n_{p0}/p_{p0})\exp(e\phi_s/k_B T)$ が支配的になり，Q_s は式(A9.5)のように表される。

$$Q_s = -(2\varepsilon_{Si}\varepsilon_0 k_B T/e\,L_D)(n_{p0}/p_{p0})^{1/2}\exp(e\phi_s/2k_B T) \tag{A9.5}$$

付録10　グラデュアルチャネル近似と空乏近似

　MOSトランジスタのチャネル長が大きく，チャネル長方向の電位の変化率が小さい場合を考える．チャネル長方向の電界 (E_y) はチャネルに垂直方向の電界 (E_x) よりも小さくなり，$E_y \ll E_x$ なる関係が成立する．すなわち，ゲート直下の空乏層，反転層(チャネル)はゲート電圧でのみ制御できることになる．MOSトランジスタの動作もゲート電圧でのみ制御できることになる．この条件における I_d-V_d 特性は，チャネルの y 方向の各位置において，電位の変化率が小さいことから，空乏層幅を一定として求めることができる．これを**グラデュアルチャネル**(gradual channel)**近似**と呼ぶ．

　今，反転層の電荷を Q_I，反転層の任意の位置 y における電位を $V(y)$ とすると，点 y において，Q_I を生じさせるために酸化膜にかかる電圧を ΔV_{OX}，および Q_I を求める．

$$V_G = (V_{OX} + 2\phi_f) + \Delta V_{OX} + V(y)$$
$$= V_{th} + \Delta V_{OX} + V(y) \tag{A10.1}$$

　以上より，式(A10.2)，(A10.3)が成立する．

$$\Delta V_{OX} = V_G - V_{th} - V(y) \tag{A10.2}$$
$$Q_I = -C_{OX} \times \Delta V_{OX} \tag{A10.3}$$

ドレイン電流を I_d とすると，$I_d = Q_I \times \mu E_y \times W$，$E_y = -dV(y)/dy$ となる．以上より，式(A10.4)が導かれ，この式を，各々，$V(0) = 0$，$V(L) = V_d$ なる境界条件で $y = 0$ から $y = L$ まで積分すると，式(A10.5)が導かれる．

$$I_d = WC_{OX}\{V_G - V_{th} - V(y)\}\mu(dV(y)/dy) \tag{A10.4}$$
$$I_d = (W\mu C_{OX}/2L)\{2(V_G - V_{th})V_d - V_d^2\} \tag{A10.5}$$

この式は線形領域における特性を表す．最大電流 $I_{d,max}$ を求めると，式(A10.6)のようになり，この式が飽和領域における特性を表す．

$$I_{d,max} = I_d \big|_{dI_d/dV_d = 0}$$
$$= (W\mu C_{OX}/2L)(V_G - V_{th})^2 \tag{A10.6}$$

次に，もう少しチャネル長が小さくなり，チャネルの y 方向の各位置において，電位の変化率が大きくなり，空乏層幅を一定として求めると誤差が大きくなる場合を考える．この場合，Q_B を一定と考えることはできず，y 方向の各位置において変化する．これを，**空乏近似** と呼ぶ．空乏状態，弱反転状態では式(2.35)において，$e\phi_s/k_B T \gg 1$ が成立し，この項が支配的になる．Q_s は式(A10.7)のように表される．

$$Q_s = -(2\varepsilon_{Si}\varepsilon_0/L_D)(k_B T/e)^{1/2}\sqrt{\phi_s} \tag{A10.7}$$

さらに，$p_{p0} = eN_a$ を代入すると，Q_s は式(A10.8)のように表される．

$$Q_s = -(2eN_a\varepsilon_{Si}\varepsilon_0\phi_s)^{1/2} \tag{A10.8}$$

式(A10.8)を $\phi_s(y) = \phi_s(y=0) + V(y)$ で置換することにより，式(A10.9)が得られる．

$$Q_B = -[2eN_a\varepsilon_{Si}\varepsilon_0\{\phi_s(y=0) + V(y)\}]^{1/2} \tag{A10.9}$$

$V_G = \{-(Q_B + Q_n)/C_{OX}\} + \phi_s$ と式(A10.9)より式(A10.10)が得られる．

$$-Q_n(y) = C_{OX}\{V_G - 2\phi_f - V(y)\} - [2eN_a\varepsilon_{Si}\varepsilon_0\{V(y) + 2\phi_f\}]^{1/2} \tag{A10.10}$$

式(A10.10)を $I_d = Q_n(y) \times \mu E_y \times W$，$E_y = -dV(y)/dy$ に代入して積分を行うと式(A10.11)を得られる．

$$I_d = (W\mu C_{OX}/L)[(V_G - 2\phi_f)V_d - V_d^2/2 - (2/3)(2eN_a\varepsilon_{Si}\varepsilon_0)^{1/2}$$
$$\times \{(V_d + 2\phi_f)^{3/2} - (2\phi_f)^{3/2}\}/C_{OX}] \tag{A10.11}$$

付録11　サイリスタ

　pnpn 接合ダイオードの両端のアノード（A で表示），カソード（K で表示）電極以外にゲート（G で表示）電極をもつ 3 端子素子を**サイリスタ**（thyristor）と呼ぶ．サイリスタの動作を説明する前に pnpn 接合ダイオードの動作をエネルギー帯図により説明する．**図 11A.1**（ a ），（ b ）はサイリスタの構造，およびアノードに正バイアスを印加した場合のエネルギー帯構造を示す．アノードに正バイアスを印加した場合，接合 J_1，接合 J_3 は順方向バイアスがかかり，接合 J_2 には逆方向バイアスがかかる．A-K 間の印加電圧を大きくすると接合 J_2 における電界も大きくなり電子なだれを生じ電子・正孔対を発生する．電子は n 型半導体，正孔は p 型半導体に各々流れ込む．この過剰電荷の蓄積により，逆バイアスされている pn 接合の，すなわち接合 J_2 のエネルギー差は小さくなる．そのため，接合 J_1，接合 J_3 の順方向バイアスは大きくなる．アノード，カソードからそれぞれ正孔，電子が注入され続け電流が流れ続けることになる．これが pnpn 接合ダイオードの動作原理である．さて，pnpn 接合ダイオードに図 11A.1（ a ）に示すようにゲートが付加された場合はどうなるであろうか．ゲートに順方向バイアスを印加すると，図 11A.1（ b ）の点線で示すように，カソードから電子注入を生じ，接合 J_2 において電子なだれを起こしやすくなる．ゲート電圧を大きくするに従い，A-K 間の電圧はより小さい電

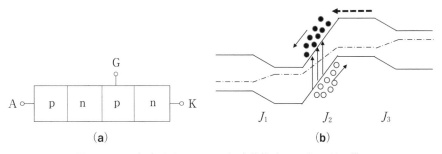

図 11A.1　（ a ）サイリスタ，（ b ）動作時のエネルギー帯.

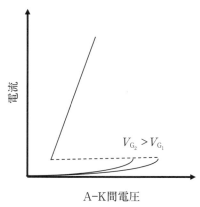

図 11A.2　電流電圧特性.

圧で電子なだれを生じオン状態になる．この様子を**図 11A.2** に示す．

付録 12 ペンタセンと DNA 結晶構造

　図 **12A.1**（ a ）にペンタセン分子の構造を示す. 5つのベンゼン環が結合した
構造である. 結晶構造はペンタセンの膜厚により異なり, 数十 nm を境に薄膜
相からバルク相に変わる. 薄膜相とバルク相ではペンタセン分子の距離が若干
異なる. また, ペンタセン分子は開きにした魚の骨の構造に似た形状で配列し
ヘリングボーン（herring-born）**構造**と呼ばれている. キャリヤ伝導はペンタセ
ン分子の π 電子雲の重なりを通して生じる.

　図 12A.1（ b ），（ c ）は, 各々, 核酸基本構造, および DNA 二重螺旋構造を
示す. 五炭糖とリン酸が交互に連なった鎖が 2 本あり, この鎖が相対して平行
に走る五炭糖には, アデニン（A）, グアニン（G）, シトシン（C）, チミン（T）の
4 種の塩基が相補的に水素結合を介して, はしごの段のように鎖につながって
いる. キャリヤ伝導は塩基から延びる π 電子雲の重なりを通して生じる.

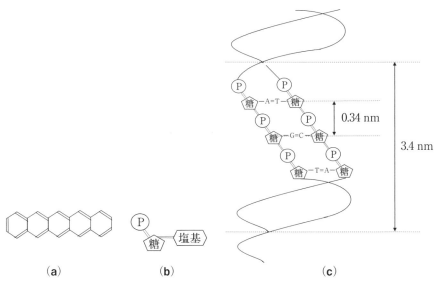

　図 12A.1　（ a ）ペンタセン分子構造, （ b ）核酸基本構造, （ c ）二重螺旋構造.

欧字先頭語索引

索　引

著者略歴

松尾 直人(まつお なおと)

1978 年 京都大学工学部卒業
1980 年 京都大学大学院工学研究科博士前期課程修了
1980〜1992 年
　　　　松下電器産業株式会社勤務(半導体研究・開発部門)
1993 年 京都大学博士(工学)
1994 年 山口大学助教授
2003 年 姫路工業大学大学院教授
2004 年 兵庫県立大学大学院教授
2019 年 兵庫県立大学名誉教授　特任教授
専　門：半導体物性，デバイス，ナノ寸法材料加工，結晶成長

2020 年 2 月 25 日　第 1 版発行

検印省略

半導体材料・デバイス工学

著　者ⓒ　松 尾 直 人
発 行 者　内 田　　学
印 刷 者　馬 場 信 幸

発行所　株式会社　内田老鶴圃　〒112-0012 東京都文京区大塚 3 丁目34番 3 号
電話 (03) 3945-6781(代)・FAX (03) 3945-6782
http://www.rokakuho.co.jp/
印刷・製本/三美印刷 K. K.

Published by UCHIDA ROKAKUHO PUBLISHING CO., LTD.
3-34-3 Otsuka, Bunkyo-ku, Tokyo 112-0012, Japan

U. R. No. 651-1
ISBN 978-4-7536-5049-1 C3042

半導体材料工学
材料とデバイスをつなぐ
大貫 仁 著 A5・280 頁・本体 3800 円
半導体技術の歴史／半導体デバイス物理の基礎／半
導体ウエハプロセスの概要／半導体デバイスと金属
界面の物理／半導体ウエハプロセスにおける配線材
料形成技術／微細加工技術／薄膜配線材料の信頼性
物理／実装技術および材料／パワー半導体デバイス
の実装技術および信頼性物理

材料科学者のための固体物理学入門
志賀 正幸 著 A5・180 頁・本体 2800 円

材料科学者のための固体電子論入門
エネルギーバンドと固体の物性
志賀 正幸 著 A5・200 頁・本体 3200 円

磁 性 入 門 スピンから磁石まで
志賀 正幸 著 A5・236 頁・本体 3800 円

固体の磁性 はじめて学ぶ磁性物理
Stephen Blundell 著／中村 裕之 訳
A5・336 頁・本体 4600 円

イオンビーム工学 イオン・固体相互作用編
藤本 文範・小牧 研一郎 編
A5・376 頁・本体 6500 円

イオンビームによる物質分析・物質改質
藤本 文範・小牧 研一郎 編
A5・360 頁・本体 6800 円

X 線構造解析 原子の配列を決める
早稲田 嘉夫・松原 英一郎 著
A5・308 頁・本体 3800 円

結晶電子顕微鏡学 増補新版
材料研究者のための
坂 公恭 著 A5・300 頁・本体 4400 円

電子線ナノイメージング
高分解能 TEM と STEM による可視化
田中 信夫 著 A5・264 頁・本体 4000 円

材料電子論入門
第一原理計算の材料科学への応用
田中 功・松永 克志・大場 史康・世古 敦人 共著
A5・200 頁・本体 2900 円

入門 表面分析 固体表面を理解するための
吉原 一紘 著 A5・224 頁・本体 3600 円

人工格子入門 新材料創製のための
新庄 輝也 著 A5・160 頁・本体 2800 円

物質・材料テキストシリーズ

共鳴型磁気測定の基礎と応用
高温超伝導物質からスピントロニクス，MRI へ
北岡 良雄 著 A5・280 頁・本体 4300 円

固体電子構造論
密度汎関数理論から電子相関まで
藤原 毅夫 著 A5・248 頁・本体 4200 円

シリコン半導体
その物性とデバイスの基礎
白木 靖寛 著 A5・264 頁・本体 3900 円

固体の電子輸送現象
半導体から高温超伝導体まで そして光学的性質
内田 慎一 著 A5・176 頁・本体 3500 円

強 誘 電 体
基礎原理および実験技術と応用
上江洲 由晃 著 A5・312 頁・本体 4600 円

先端機能材料の光学
光学薄膜とナノフォトニクスの基礎を理解する
梶川 浩太郎 著 A5・236 頁・本体 4200 円

結晶学と構造物性
入門から応用，実践まで
野田 幸男 著 A5・320 頁・本体 4800 円

遷移金属酸化物・化合物の超伝導と磁性
佐藤 正俊 著 A5・268 頁・本体 4500 円

酸化物薄膜・接合・超格子
界面物性と電子デバイス応用
澤 彰仁 著 A5・336 頁・本体 4600 円

基礎から学ぶ強相関電子系
量子力学から固体物理，場の量子論まで
勝藤 拓郎 著 A5・264 頁・本体 4000 円

熱電材料の物質科学
熱力学・物性物理学・ナノ科学
寺崎 一郎 著 A5・256 頁・本体 4200 円

酸化物の無機化学
結晶構造と相平衡
室町 英治 著 A5・320 頁・本体 4600 円

計算分子生物学
物質科学からのアプローチ
田中 成典 著 A5・184 頁・本体 3500 円

スピントロニクスの物理
場の理論の立場から
多々良 源 著 A5・244 頁・本体 4200 円

表示価格は税別の本体価格です．

http://www.rokakuho.co.jp/